温室建造

冬枣钢架棉被大棚

钢骨架结构大棚

未加覆盖物的钢骨架结构大棚

竹竿压膜

压膜线压膜

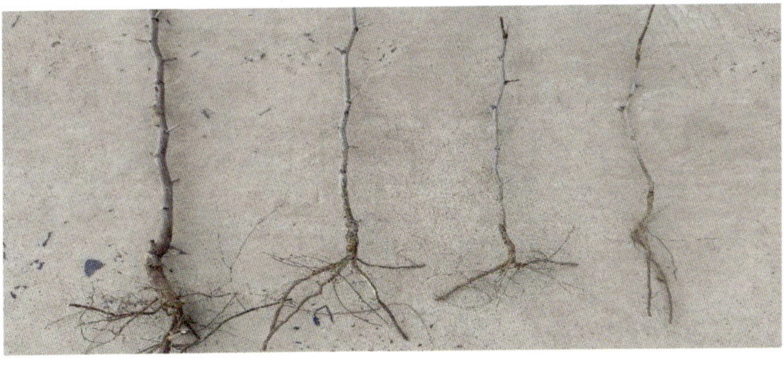

不同等级的苗木

主干形树形

倒“人”字形树形

开心形树形

剥口下用隐芽放枣头

整株更新

枣吊断蕾、蕾少

冬枣花期灰霉病

冬枣黑斑病

冬枣轮纹病

冬枣褐斑病

冬枣疱斑病

细菌性疮痂病引起的枣吊纵裂

冬枣叶片上的青苔

冬枣果实上的青苔

冬枣日灼

棚膜撒泥防日灼

枣树叶片发黄

白粉虱分泌物产生的霉污

枣瘿蚊为害幼嫩叶片

红蜘蛛为害叶片

蓟马为害冬枣果实

康氏粉蚧为害果实

蜗牛为害冬枣嫩梢

灰暗斑螟为害愈伤组织

叶片药害斑点

果实药害斑点

调节剂过量致枣果畸形

叶片药害发生枯萎

温室中烟剂熏蒸

设施内高压喷雾系统

设施内安装的电动运输车

冬枣设施栽培

关键技术问答

主　编　宋民斗

副主编　侯满伟　张永翊

　　　　游建敏　杨　涛

西北农林科技大学出版社

Northwest A&F University Press

·杨凌·

图书在版编目（CIP）数据

冬枣设施栽培关键技术问答 / 宋民斗主编. -- 杨凌: 西北农林科技大学出版社, 2023.12
ISBN 978-7-5683-1384-1

Ⅰ. ①冬… Ⅱ. ①宋… Ⅲ. ①枣—果树园艺—设施农业—问题解答 Ⅳ. ①S628-44

中国国家版本馆CIP数据核字（2024）第027940号

冬枣设施栽培关键技术问答

宋民斗　主　编

出版发行	西北农林科技大学出版社		
地　　址	陕西杨凌杨武路3号	邮　编	712100
电　　话	总编室：029-87093195	发行部：029-87093302	
电子邮箱	press0809@163.com		
印　　刷	西安浩轩印务有限公司		
版　　次	2023年12月第1版		
印　　次	2023年12月第1次印刷		
开　　本	889mm × 1194mm　1/32		
印　　张	5.75	插　页	4
字　　数	115千字		

ISBN 978-7-5683-1384-1

定价：28.00 元

前　言

introduction

冬枣原产于河北沧州、山东沾化一带，果实不仅其皮薄、肉厚、核小，肉质细嫩而酥脆，酸甜适口，汁多无渣、甘甜清香，而且营养极丰富。冬枣含可溶性固形物20%～36%；含有天门冬氨酸、苏氨酸、丝氨酸等19种人体所需的氨基酸，总含量为0.985 mg/100 g，冬枣含蛋白质1.65%，膳食纤维2.3%，总黄酮0.26%，烟酸0.87 mg/100 g，胡萝卜素1.1 mg/kg，维生素B_1 0.1 mg/kg，维生素B_2 2.2 mg/kg。维生素C含量高达352 mg/kg，是苹果维生素C含量的70倍、梨的100倍。此外，冬枣果实还含有较多的维生素A、维生素E、钾、钠、铁、铜等多种微量元素，营养价值为百果之冠，有“百果王”之美称，深受消费者喜爱。

地处陕西省关中地区的大荔县，依托独特的地理气候禀赋，于20世纪90年代引进栽培，历时30余年发展，通过设施栽培，把“小冬枣”做成了“大产业”，取得了良好的生态效益、社会效益和经济效益，让果农走上了致富之路。果实成熟期从每年的5月持续到11月，当地的设施栽培方式也在不断地增多和改进，避雨栽培，春暖式大棚、春暖式大棚双膜栽培，钢架棉被大棚、温室栽培等，设施栽培已成为当地果农冬枣栽培的主要形式。

冬枣设施栽培是一种高投入、高产出、技术性较强的新的栽培方式，不同于传统的露地栽培方式，因而不能像露地栽培的方法去管理设施栽培，否则将会给果农带来很大的经济损失，这在每年的生产中有不少案例。当前，果农急需掌握先进实用的冬枣设施栽培技术。普及冬枣设施栽培技术，提高设施栽培效益，科学合理地发展冬枣设施栽培，成为我们一线农技人员和生产者共同承担的任务。

为满足果农对冬枣设施栽培技术的需求，我们在总结多年冬枣设施栽培的基础上，参照全国其他省（市）设施栽培的先进经验，针对生产中果农经常遇到问题，以问答的形式进行阐述，以供大家在生产实践中应用和参考。

该书的编写，得到了国家现代农业产业技术体系建设项目（CARS-30-ZZ-20）资助。由于我们的水平有限，书中还有许多不足之处，敬请大家批评指正。同时参阅了许多资料和图书，对此我们向有关的作者表示诚挚的感谢！

编者

2023年7月

目 录

contents

第一部分 冬枣设施栽培的发展概况及意义

第二部分 设施棚体的建造

第三部分 设施冬枣的栽植

第四部分 设施冬枣的整形修剪

第五部分 提高冬枣坐果率

第六部分 设施内环境生态条件的调控

第七部分 设施冬枣栽培周年管理技术

第十部分 农药的安全使用

第十一部分 设施冬枣配套技术

第十二部分 土壤有机质的提升

第一部分

冬枣设施栽培的发展概况及意义

PART 1

冬枣设施栽培也称保护地栽培，是近年来我国冬枣生产上一个新的发展方向。它是在人工建造的设施内形成一定的光、温、水、气、土生态条件，人为地提早冬枣的采收时间或防御某些不良的外界条件的影响，达到人们预期的采收时期和栽培效果，从而获得良好效益的一种高效栽培方式。

001 冬枣设施栽培经历了什么样的历程？

随着设施果树栽培的发展和消费者对果品不同层次的需求，设施枣树栽培开始出现。我国枣树设施栽培研究开始于21世纪初，辽宁、河北等地首先开始进行栽培和试验，主要研究台湾青枣、梨枣的异地栽培。其后，北京、宁夏、陕西、山西、山东等地也开始栽培试验、生产和研究，主要方向为鲜食枣的提早成熟和异地栽培。陕西省的冬枣设施栽培试验、生产和研究是从大荔县开始的，随着栽培技术的不断成熟，冬枣设施栽培在我国西北地区迅速推广开来。在河北、山东、山西、新疆等地先后形成一批冬枣设施栽培商品生产基地。冬枣设施栽培成为一些地区农业生产中的主导产业，并成为当地农民脱贫致富的重要途径。

002 大荔设施冬枣栽培是如何发展的？

大荔冬枣的引进，应该在20世纪90年代，当时种植以露地为主，技术不成熟，冬枣花期温度高，花朵干焦，坐果率低；成熟期遇雨易裂果，果实商品性差；销售集中在9月下旬至10月下旬，冬枣仅限于大荔县安仁镇及埝桥镇，有不足千亩的面积。直到2005年以后，果业部门推广高产栽培技术，借鉴大棚西瓜的栽培经验，改露地栽培为设施栽培，解决了花期遇高温焦花、成熟期遇雨裂果两大栽培关键技术难题，并且浙江客商黄宏波在江浙一带打开了冬枣的市场销路，冬枣逐渐成为市场的新宠。设施冬枣每亩[①]收入达到了2万元以上，在经济效益驱动和市场的拉动下，设施冬枣栽培面积急剧扩大，从2010年至2022年，大荔冬枣栽培面积发展到42万亩，产量50万吨，产值60亿元。

003 发展冬枣设施栽培的意义是什么？

冬枣设施栽培是冬枣栽培方式上的一个变化与更新，它将冬枣从传统的露地生产转变为人工控制下的设施内生产，使冬枣的成熟时期明显提前，从而延长了冬枣鲜果的上市供应时间，有效地抵御了各种自然灾害的影响，扩大了冬枣栽培的地方和区域，并使冬枣果实的品质得到明显的提高，从而产生一般露地栽培所无法达到的效果与作用。

004 冬枣设施栽培有什么优缺点？

（1）和冬枣露地栽培相比较，冬枣设施栽培的优点表现如下：

①克服自然条件不利影响，保证冬枣安全生产　春季的倒春寒，夏季的高温干旱、大风、冰雹，秋季的连阴雨，冬季的

① 1亩≈667平方米。

极端低温等不良天气，不仅严重影响到冬枣的品质和产量，而且也使冬枣的生产成本大幅度上升，甚至成为发展冬枣生产的限制性因素。而在设施栽培条件下，有效地解决了春季的倒春寒、花期高温干旱出现焦花、秋季连阴雨裂果严重发生等生产实际问题，保证了冬枣的产量和品质，降低了生产投资风险。

②冬枣成熟期提前，规避市场风险　露地冬枣成熟期集中在9月中旬到10月中旬之间，此期集中上市给生产、运输、贮藏和销售都带来许多困难和不便，严重影响到销售价格和栽培者的经济收益。而采用设施栽培的方法可以调节冬枣成熟上市时间，不仅能有效地控制冬枣的成熟时期，而且对促进冬枣的均衡上市和提高生产效益都有着重要的意义。

另外，冬枣属于鲜食水果，长时间保鲜贮藏较为困难，而且花费大、成本高，利用设施栽培不仅免除了昂贵的建库、贮藏费用，而且生产出的冬枣其新鲜程度和优良品质是贮藏果品难以达到的。

③果品质量提高，经济效益显著　近年来随着《动物保护法》的实施，生态环境的改善，使得鸟类数量增多，但鸟类对果树生产的灾害也在日益加重，利用设施栽培，可有效地防止鸟类灾害，减轻生产损失。通过设施栽培还能有效地减轻病虫害、自然灾害对冬枣生产的影响，从而大幅度减少了农药的使用次数和使用量，这不但有利于冬枣产量和品质的提高，而且为生产无污染的绿色食品和开展冬枣有机栽培提供了一条良好的途径。

陕西大荔地区采用塑料温室栽培，5月中旬开始采收，平均亩产1000千克，每亩收益10万元左右。钢架棉被大棚6月下旬开始采收，平均亩产1500千克，每亩收益4.5万元左右。春暖式大棚7月下旬开始采收，平均亩产2000千克，每亩收益3万元左右。因此，冬枣设施栽培已成为发展高效农业的一个趋势。

④带动旅游业发展，延长产业链条　设施栽培由于栽培季节的提前，以及冬枣的特异性，可为旅游业提供景点。通过设施果树生长期开放，可为游客提供游览观光、普及农业知识、果实采摘等系列化服务，促进旅游业的发展。

（2）和冬枣露地栽培相比较，冬枣设施栽培的缺点表现如下：

①棚体基础建设较多，土地利用率较低　特别是温室的墙体、回风房（耳房）、棚间距、道路等占用了不少面积，土地利用率不到50%，春暖大棚土地利用率也只有85%。

②设施水平较低，环境控制能力差　设施环境控制水平低下，设备质量不过关，绝大多数没有自动调控环境的设施，多采用经验管理和单因子定性调控的方法。还有大棚的结构不合理，一旦遇到恶劣天气（大风、大雪），就会出现倒塌和变形现象。

③设施栽培作物品种单一，设施生态条件恶化　随着设施时间的延长，导致病虫种类增多，土传病害严重、土壤营养元素平衡被破坏，最终导致果品产量和品质始终在低水平上徘徊。

④设施内作业机械化程度低，劳动强度大　目前设施农业机械的配套水平不高，现有的产品机型不多，缺乏专用的小型

化作业机具，适应大棚内各种栽培方法所需的作业机械更少，配套设施不完备，许多大棚在修建时加热、降温、通风、遮阳、微灌、中心控制等系统不配套。现有的设施机械存在着适应性差、生产效率低、作业质量差等缺点。

005 冬枣设施栽培有哪些类型？

设施栽培的类型很多，生产上根据设施栽培的不同目的，将冬枣设施栽培分为3种类型，即温室栽培、春暖式大棚栽培、避雨栽培。

（1）温室栽培　温室栽培又称塑料日光温室，它以透光性能较好的塑料薄膜进行覆盖，单面（南向）受光，三面建墙保温（东、西、北向），膜上覆盖棉被，成本低，采光和保温性能好。近年来为了更多接受日光和增强保温性能，果农在温室结构、覆盖材料、保温设施等方面进行了许多改良与提高，总结出一系列新的结构类型与模式。

（2）春暖式大棚栽培　冬枣较早采用的春暖式设施，其结构以竹木为主，根据大棚内面积大小又可分为单栋或连栋，其坚固性较差，现结构改造为“水泥桩+钢结构”“钢结构”或“钢结构+棉被”塑料大棚，主要靠日光加温，棚内面积较大，管理较为方便，而且棚体占地面积较小，产量高，效益好，目前生产中应用较多。

（3）避雨栽培　一种是在冬枣行上增设拱棚结构，上面架铺塑料薄膜，同时在树盘内铺设地膜，防止降雨对植株和果实生长、成熟造成不良影响，从而达到避雨防湿的效果；另一种，和春暖式大棚骨架一样，覆膜时间在冬枣近成熟期进行，起到防雨防湿的作用。

006 发展冬枣设施栽培时应注意哪些问题?

冬枣设施栽培投资较高，对技术要求较严。一旦设施建成，一般应用期限在10年以上，因此一方面要注意节约投资，另一方面更要重视设施棚体设计的合理性和建造的牢固性，不要因盲目追求节约成本，使设施过于简陋而造成日后的反复维修，这样会适得其反，反而增加建设成本，降低经济收益。一些地区建造简易的土墙温室，在雨季倒塌的事故比比皆是，这些教训值得引起各地的注意。

007 设施栽培为什么特别强调栽培管理技术?

设施栽培与露地栽培完全不同，在设施促成栽培条件下，冬枣植株休眠期缩短，从萌芽到成熟整个物候期比露地栽培要提早30～120天，这种物候期的变化要求有与之相适宜的栽培管理技术，如调节设施内环境、打破休眠、促进花芽分化、提高坐果率和叶片光合效率、增进品质等，同时设施中的环境因素如光、温、水、土、气等要素的状况和人为管理技术关系很大。因此，人工调节设施内的光照、温度、湿度和气体成分就成为设施栽培管理的主要工作，其中任何一件工作都要严格认真进行，稍有忽视和大意往往会造成巨大的损失。

在病虫害防治上，设施栽培中，冬枣病虫害的种类和发生规律与露地栽培不完全相同，加之在设施环境中，冬枣生长于一个相对较为密闭的空间，温湿度较高，从而对病虫害防治技术也有特定的要求。冬枣设施栽培可以说是一种要求严格的特殊栽培技术。

在开展冬枣设施栽培时，一定要掌握相应的管理技术和技巧，万万不能套用管理露地栽培的经验去管理设施栽培的冬枣，要获得设施冬枣的优质、丰产、稳产，就需要采用一系列新的管理技术，这样才能达到设施栽培高效益的目的。

008 设施冬枣采后处理应注意哪些问题?

精心设计、细致包装、提高冬枣品质和商品价值是设施冬枣栽培自始至终必须贯彻的原则。设施冬枣产品属于高档产品，必须重视采后的保鲜贮藏和包装设计，尤其要注意研制和推广适应市场消费者要求的小包装。

009 当前我国设施栽培发展的总趋势是什么?

随着我国现代化农业生产的发展和社会主义新农村建设的

深化，提高农业综合效益和增加农民收入已成为我国农业发展中的重点所在。冬枣设施栽培在调节成熟时期、抵御各种自然危害、增加农民经济收入上的作用正逐渐被广大产区栽培者所认识，我国冬枣设施栽培将会出现一个新的发展热潮。据分析，设施栽培的现代化、高效化、绿色食品化和设施冬枣栽培与观光旅游相结合，形成设施冬枣栽培的多功能化，将成为今后冬枣设施栽培发展的重点。

010　如何进一步实现设施栽培的节能和高效益？

设施栽培的节能、高效益将成为今后备受关注的一个方向，设施结构改良、新型材料的选择将成为设施建造前必须考虑的问题。

在设施设计建造上，新型、高效、高采光、高保温的设施结构和新型材料将会得到进一步应用，在城市近郊区，具有高强度、耐腐蚀性的钢化尼龙材料将逐步得到应用，高透光率、耐磨、防尘、抗老化的无滴膜将进行全面推广，新型高透光、高保温型瓦楞覆盖材料也将在一些地区开始应用。

新型保温材料——防寒塑料、无纺布、遮阳网、防风罩都将得到更广泛的应用。

第二部分

设施棚体的建造

PART 2

设施建造要求所建设施能最大限度利用太阳能，并有良好保温性能和有充分的种植空间、工作空间，为冬枣生长、结果创造最适宜的光、热、水、土、气条件，从而达到早熟、丰产、优质、高效的目的。因此，科学合理的设施设计与建造是开展冬枣设施栽培的重要前提和基础条件。

011 设施棚体建造时主要考虑哪些因素?

设施建造要考虑到各种自然因素和社会因素。其包括当地的纬度和自然环境、社会条件以及栽培目的等。生产中根据自然条件和市场需求状况合理确定设施栽培的目的，同时根据当地自然条件和栽培目的设计建造相应的设施结构，从而充分利用当地的自然和经济条件，促进设施栽培取得良好的经济效益。

012 冬枣设施建造时对自然环境有哪些要求?

（1）光照条件　冬枣是喜光性植物，光的强弱、光照时间的长短直接影响着冬枣的生长发育。在设施栽培条件下，日光是温室和大棚内主要的热源。因此，一个地区冬春季节的太阳辐射状况、日照时间和日照百分率等因素就成为选择设施建造地址时首先要注意的问题。设施栽培条件下由于覆膜的影响，30%～50%的自然光被设施结构所阻隔，使设施内形成了一个相对较弱的光照环境，降低了光照强度和光照时间。所以设施建造地点一定要选择在自然光照条件十分优良、地势平坦、无高大建筑物遮挡的地方，尽最大可能让设施内的光照条件充足。

（2）土壤条件　冬枣对土壤条件的适应性较强，但最适宜的土壤是有机质含量高的沙壤土和轻质壤土，偏黏性和过于沙性的土壤，要注意采用掺沙和增施有机肥、深耕等措施来改良土壤结构、改善土壤的理化性质。冬枣对土壤要求较高，要选择质地良好、通气、透水性强、保肥、保水的土壤，要求土层深度≥2米，地下水位＞2米，土壤有机质含量≥10毫克/千克为宜，总盐量＜0.3%，土壤pH 5.5～8.5。

（3）水分条件　冬枣是抗旱性、耐涝性比较强的果树，但是在萌芽、枣吊生长和幼果生长期也不能缺少水分。由于设施内土壤水分全靠人工灌溉，因此选择冬枣设施栽培的场地时，一定要有水分灌溉条件和排水设施，而且修建设施的地方地势要平坦。在地下水位较高的低洼地修建设施时，要修筑台田，挖设排水沟，防止土壤积水。

（4）风和其他自然条件　风可以促进空气流通，降低设施内空气的温度和湿度。因此设施应建在通风条件较好的地方，不要将设施建在通风差的低洼地带。但一个地方若风力过大就会使设施覆盖物遭到破坏，影响设施内的冬枣生长。尤其在西北地区，以及其他冬季和春季以北风和西北风为主的地区，发展设施栽培时一定要考虑在设施的北方和西北方设立防风措施：如砌筑防风墙、搭建防风障或在设施10米以外建造防风林，在一些春季大风频率较高的地区，还要注意在棚膜上设置压膜线或防风网，用以防止大风撕裂薄膜。特别要注意不要将设施建造在山谷风口地带。

013 发展冬枣设施栽培时要考虑哪些社会条件？

发展冬枣设施栽培，在做好自然条件调研的同时，还应注意栽培地区相关的社会条件。

设施冬枣属于高档水果，所以要注意销售市场和销售条件，生产基地应选择在交通方便、靠近大中城市和旅游观光地区，以便于产品的运输、销售。此外，设施栽培要相对集中，形成一定规模，便于进行产业化管理和经营。

将冬枣设施栽培和旅游观光结合起来，把冬枣温室大棚建成旅游观光的新景点，是一个新的发展趋势。

014 冬枣设施建造规划设计主要包括哪些环节？

冬枣设施建设主要包括两个环节：

（1）充分调查研究，分析有利条件和不利因素，确定适合当地的设施建造形式。

（2）根据栽培目的和设施结构形式制定修建规划、确定建造设施总体方案和设施施工图。

①总体规划图包括设施的大小、方位、占地面积、设施规格等。

②设施施工图包括设施内每个部位的建筑形式和施工要求。

015　冬枣设施建造设计的原则是什么?

（1）安全性原则　棚体结构应保证强度和稳定性，要采取一定的技术措施，降低风灾和雪灾的风险。

（2）经济性原则　在保证安全和质量的前提下，设计要降低建造成本。应注重节约能源，使用环保材料，减少建筑垃圾。

（3）绿色原则　充分利用太阳能、雨水收集等绿色技术，减少棚体建造带来的负面影响。

（4）因地制宜原则　要根据当地自然环境条件和栽培目的进行设计。

016　什么是高效节能型日光温室?

高效节能型日光温室是在总结以往日光温室建造经验的基础上，经过研究和改良提出的一种能充分利用天然太阳光给室内加温，并有良好的保温效果，从而保证温室作物正常生长结果的新型温室类型。高效节能型日光温室设计合理、结构良好，温室内温度在冬春季节可比露地提高15～20℃，可使冬枣早熟80～120天，是当前在冬枣设施栽培中应用比较普遍的设施种类。

017　节能型日光温室的主要特点是什么?

（1）采光好　高效节能型日光温室的前屋面设计充分考虑

到了不同纬度条件下的太阳高度角及太阳光对棚面的入射角，使其在不同的季节和不同的太阳光入射时段都能形成较理想的直射条件，尽可能减少光的散射和折射，最大限度地利用了太阳能。

（2）保温好　高效节能型日光温室利用后墙体、后屋面及前屋面的透明覆盖材料和保温材料，最大限度地把白天太阳光入射带来的辐射热保存下来，尽可能减少夜间热传导、热辐射和热量的缝隙扩散效应，使室内温度在夜间不低于8℃，以保证作物在冬季的安全生产。

（3）贮热好　高效节能日光温室利用墙体吸热、后屋面载热等特点，在白天有太阳照射的条件下，尽可能使墙体、后屋面、地表面大量吸热，采用热容量大的材料，大量储蓄热能，并在夜间再不断释放出来，补偿温室气温损失的部分，以保证室内温度达到要求的区间。

018　日光温室主体由哪些主要部分构成？

（1）基础　承受日光温室全部自重和骨架传下来的全部外荷载的建筑结构体，分为前沿基础和背墙基础。

（2）山墙　日光温室东西两端，用砌筑材料和保温材料复合砌筑而成的承载、蓄能和保温的建筑墙体结构。东端山墙称作东山墙，西端山墙称作西山墙。

（3）背墙　日光温室北侧由砌筑材料和保温材料复合砌筑

而成的承载、蓄能和保温的建筑墙体结构。

（4）骨架　用以支撑日光温室整体屋面并承受各种附加荷载的全部（除墙体外）建造结构体。

（5）桁架　桁架是骨架的主要组成部分，是日光温室用以承载屋面和各种附加荷载的类似拱形的主要建造构件单元。

（6）缓冲间　日光温室门外应设缓冲间（兼工作间），一般贴近山墙外侧，开门方向南向，缓冲间使用面积不宜小于3米×3米。

019 棚体建设的主要技术参数有哪些？

主要技术参数见表1。

表1　关中地区常见日光温室的规格

单位：米

编号	规格				
	跨度	脊高	背墙高	后坡投影长度	长度
1	8.0	3.5～4.0	2.0～2.4	1.1	50～100
2	9.0	3.8～4.5	2.3～2.7	1.2	50～100
3	10.0	4.3～5.0	2.5～3.0	1.3	50～100

（1）温室方位　日光温室采光面向南、朝阳，屋脊线东西走向。以当地正南向为准，方位以南偏西5°～7°为宜。

（2）温室高度　温室高度指温室脊高，一般栽植冬枣的温室脊高在3.5～5.0米之间。实际测定表明，温室内80%的热量是从棚面散失的，温室高度越低、室内空间越小，越有利于保温。但是脊高过低影响温室内空间大小和人工作业；温室高度越高，采光效果越好，但前棚面倾斜度增大，管理不便，且浪费建筑材料，所以种植冬枣的温室脊高最低高度不能低于2.7米，最高也不宜超过5.0米。

（3）温室长度、跨度与间距　温室宽度即南北跨度，一般以5～10米为宜，跨度不宜过大。实践证明，跨度增加1米，脊高相应要增加0.2米，后坡宽度要增加0.5米，这就给温室建造带来许多不便。温室的长度即东西长度，适合的温室长度一般为50～100米。温室长度小于50米时，东西两面山墙遮阴面积增大，设施内有效受光面积过小。而温室过长，增温保温效果明显降低，温室内两端和中部温度差异加大，温室管理也不方便。相邻温室间距，自前栋温室脊高的垂直点至后栋温室采光面底脚的距离应不小于前栋温室脊高的两倍。

（4）温室地平面　日光温室可以建在地平面以下，室内地面低于地平面0.3～0.5米为宜。

（5）采光角（α）　日光温室采光屋面最高点到其前棚着地点处的连线与地面水平线的夹角。适宜范围28°～30°。

（6）后坡仰角（β）　日光温室后坡屋面与水平面间的夹角。适宜范围40°～45°。

（7）底角（γ）　日光温室前沿高度处的切线与水平线的夹角。一般以60°～63°为宜。

（8）最低作业高度（h_1）　日光温室内距前屋面落地线0.5米处的净空高度。温室的最低作业高度≥0.8米（图1）。

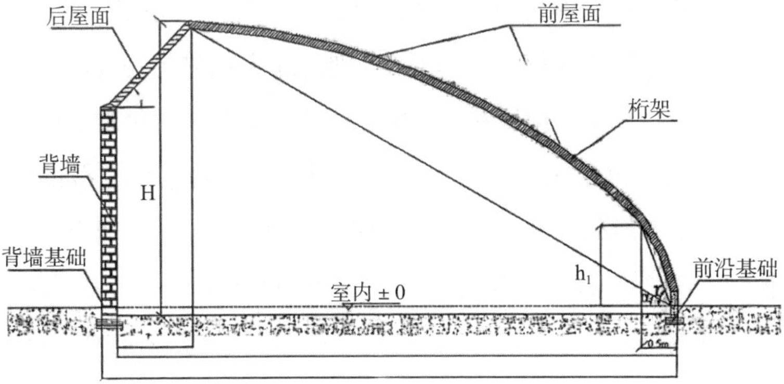

图1　日光温室横剖面示意图

020 温室土建工程如何进行？

在温室设计完成后，即可进行温室的建设，为了保证温室内的热量和建筑质量，温室建设工程应在每年入冬前完成。温室的土建工程主要包括温室墙体的建设、通风窗的设置、温室内立柱的设置、棚面架框的设置等几部分。这几项工程应在短时间内统一完成。

021 如何进行放线？如何测定真正的南北子午线？

放线是按设计图纸要求，实地勘测来确定温室长、宽和建筑方位，在此基础上规划出东、西、北三面墙的基线和温室前棚面的下线，撒上白灰线做好施工标记，在温室建设放线中常用指南针确定方向，但由于受地球磁场的影响，指南针所指出的南北和实际的南北有一定的偏离，所偏离的夹角被称为磁偏角。一个地区的磁偏角大小可在当地气象部门进行查询，根据查询结果校正用指南针测定的方位。但在农村常常很难了解一个地区的磁偏角大小，这时可以自己进行当地真子午线的测定。真子午线的测定方法：在要建温室的地方，地面竖立一根长约0.5米的直杆，在晴天时从上午11：00到下午1：00，每隔10分钟测定一次木杆阴影的长度并画出相应位置，其中阴影最短的一条影线的走向就是当地真正的南北子午线，测出真子午线后就可依此确定温室的准确方位，开始进行放线工作。

022 如何砌建温室墙体?

日光温室的墙体分为土墙和砖墙。

（1）土墙分人工筑墙和机压墙两种

①人工筑墙。墙体底部厚度1.2～1.4米，顶部比底部小0.3～0.4米。施工时，地基下挖50厘米，地槽宽度1.5米，素土夯实30厘米，上层用3：7灰土夯实20厘米至地平；处理好地基后在室内地表起去20厘米肥土，用下层素土打墙，顶部3层砖墙至要求的高度。注意在墙基1米以外取土，打墙时必须将土粉细，干湿均匀，夯打结实，保证强度。

②机压墙。墙体底部宽度4.5～5.5米、顶部1.5米。施工时，用挖掘机和压路机层层压实至要求的高度，最后对墙体进行修整，内墙尽量垂直略向外倾斜，外墙形成小于60°的斜

坡，墙面平整。注意对墙体进行防水和排水处理。

（2）砖墙　日光温室的砖墙根据保温材料的不同分为炉渣保温夹芯砖墙和细土保温夹芯砖墙。

①炉渣保温夹芯砖墙。砖墙地基下挖50厘米，地槽宽度1.0米，素土夯实30～35厘米，上层用3：7灰土夯实15～20厘米至地平。墙体总厚度63厘米左右，内墙厚24厘米，外墙厚12厘米，中间夹层选用炉渣，厚度26厘米，内外墙上下间隔2米进行拉结（厚度12厘米），顶部18厘米做成实心墙体。

②细土保温夹芯砖墙。地基下挖50厘米，地槽宽度0.8米，素土夯实30～35厘米，上层用3：7灰土夯实15～20厘米至地平。墙体总厚度50厘米左右，内墙厚24厘米，外墙厚12厘米，中间夹层选用干燥细土，厚度7～10厘米，内外墙上下间隔2米进行拉结（厚度12厘米），顶部18厘米做成实心墙体。

023　温室后墙上如何设置通风窗？

通风降温是温室管理中一项十分重要的工作，温室后墙上必须设置通风口，通风口距地面1～1.5米，窗间距4米，通风窗高、宽各24厘米，也可在墙体建造时预埋相当粗度的管子。在冬季寒冷季节可用砖和泥封堵通风口，春季气温升高后将砖取下，用布或塑料包扎棉花、草秸等封堵通风口，需要调温时取下封堵物。通风窗对调节温室内温度、湿度有重要作用，是温室建造设计不可忽视的一个重要内容。

024 温室骨架如何搭建？

（1）组装式钢架　骨架为组装式热镀锌管专用卡具钢架。采用单双弓相间（双弓上弦为直径20毫米镀管、下弦为直径15毫米镀管，两管间用专用卡具8个固定；单弓用直径20毫米镀管，后背用直径15毫米镀管及专用卡具6个加强；管壁厚2.2毫米），弓间距1.2米，四道均匀纵向拉杆（直径15毫米镀管），后背两道角铁。安装时，在后墙体要求的高度上，确定拱架入墙点，拱架要入墙50厘米，拱架落地前脚，作支撑点，可用50厘米×50厘米×60厘米的素砼地座支撑；也可在前沿做24厘米×24厘米的砼地梁支撑，支撑点设预埋件，把拱架前脚固定在预埋件上。

（2）轻钢桁架、管材骨架　桁架上弦为钢管，管壁不小于2.5毫米；下弦可用直径12毫米的钢筋，后坡下弦由支座直线延伸至前坡上弦底面，前坡下弦在屋脊处下方结点处与后坡下弦连接，其重叠长度不小于40毫米，在前拱脚尽端处与上弦尽端焊接；腹杆可用直径为8毫米的钢筋。当采用轻质复合保温板材作后屋面时，桁架的间距为1米，采用细石混凝土或麦草泥作后屋面时，桁架的间距为0.75米。屋脊及前坡横向支撑均采用管材（直径40毫米以上的钢管或镀锌管），其间距为1.2米左右。

（3）管材或钢筋混凝土桁架、竹竿骨架　拱架由管材或钢筋混凝土桁架、竹竿骨架组成。南北向每隔2.5米设置一根管材

（直径50毫米以上、壁厚3毫米以上的镀锌钢管最好，薄壁钢管和硅镁复合管次之）或预制钢筋混凝土作为桁架，东西向每隔0.45米设置钢绞线（直径2～3毫米），两端固定于山墙外地锚上。在钢绞线上面，南北向每隔0.625米固定直径15毫米的细竹竿（每个桁架间3道竹竿），竹竿与桁架用铁丝扎牢。

025 拱形钢架温室如何安置棚面框架和后坡墙?

温室拱形钢架的固定方法有用水泥浇注和电焊固定两种方法。

（1）水泥浇注　用水泥浇注固定时，先在安置温室棚面钢框架的棚面前脚处挖深30厘米、长和宽各20厘米的长柱形坑，将钢筋框架拱形角度65°～70°的一头放在水泥浆上固定，坑内用水泥砂石浆填平。框架的另一头用水泥固定在后墙上。相互的拱架按规定距离（0.85米）整齐地进行安装固定或电焊固定，然后用直径16毫米的2～3根钢筋，间隔约2米，分别焊接在拱架的下弦上，做拉筋，使整个架面成为一个整体。固定成型后，将木板或水泥预制板搭在靠后墙的钢筋架上形成后坡墙，上面铺设相应的泥沙或保温材料，并用水泥砂浆抹平，形成宽1～1.2米后檐屋面。并增加框架的牢固性，整体形成温室棚面框架。

（2）电焊固定　用电焊法固定拱形钢架的方法是先在温室拱架南端地下预埋一根与温室长度相同的角铁做地梁，并在温室北墙上预埋固定一根与地梁相同的角铁做顶梁，固定拱架时按规定距离将拱架下端焊接在预先设置好的地梁上，而拱架的北端焊接在预先设置在顶梁上或北墙上的角钢上，同样前棚面骨架每隔2米东西向焊接一根直径16毫米的螺纹钢做拉筋，用来固定骨架和角度。

026 温室后屋面如何处理？

常见日光温室的后屋面有麦草泥后屋面、细石混凝土后屋面和复合保温板后屋面三种。

（1）麦草泥后屋面　先在后屋面拱架上中部沿东西方向连接一道直径40毫米的标准管材，上铺木板，在木板上铺放用棚膜包裹的秸秆15～20厘米，膜边搭出墙外5～10厘米，再压土15～20厘米，使整个后屋面顶薄底厚，最后用2厘米麦草泥抹平或用2厘米土泥收光，搭上砼盖板。注意墙顶防水和排水处理。

（2）细石混凝土后屋面　屋面从里到外由木板或表皮板、干铺油毡一层、膨胀蛭石（去皮去叶玉米秸秆）、6厘米厚C8炉渣混凝土、4厘米厚C20细石混凝土等多层结构组成，表面原浆压光。

（3）复合保温板后屋面　屋面采用聚苯乙烯复合保温板材，在聚苯乙烯泡沫塑料板面上粘贴一层纤维质材料，总厚度约8厘米。安装时，相邻桁架后坡上弦之间沿东西方向安装两根角铁，角铁顶面与桁架上弦顶面持平，屋面板用螺栓固定于角铁上。

027 什么叫春暖式大棚？

春暖式大棚是由棚架和覆盖塑料薄膜组成的设施类型，它没有北、东、西三面的墙体，四面均可进光，设施内空间较大，结构比较简单，造价显著低于日光温室。但大棚无墙体遮风，一般也无防寒覆盖物，晚间热量辐射损失较多，同一时段内温度低于温室内温度。冬枣促成效果比温室冬枣成熟期晚30～40天，生产上主要用作简易促成栽培。

028 春暖式大棚有哪些种类？

春暖式大棚类型较多，但从结构形式上主要分为竹木结构大棚、钢骨架结构大棚和水泥预制柱+钢骨架结构大棚三大类。

（1）竹木结构大棚　其结构简单，造价低，但使用期限短。早期冬枣设施栽培多用这类大棚。目前生产上仍有一部分农户在使用竹木结构大棚进行短期促成栽培或避雨栽培。

（2）钢骨架结构大棚　其骨架用镀锌钢管或钢筋制作，结实牢固，使用期限长，大棚内也不设立立柱支撑棚面，光照好，工作空间大。近年来各地新发展的大棚多采用这种结构，但建造钢架结构大棚一次性投资较高。在经济条件较好的地区应尽量采用钢骨架结构大棚。

（3）水泥预制桩+钢骨架结构大棚　该大棚投资介于二者之间，这种棚体结构牢固，投资较少，目前在生产中应用较多，但这种棚体遮阴面大。

029 关中地区12米钢结构大棚建造技术参数是什么？

一般棚体南北向，拱架脊高为3.6米；棚两侧设计1.5～1.8米通风口，通风口下至下底面设置1.8米的裙膜；拱架间距2米，棚体长80～100米；相邻棚间距1.5～2.0米，中间留宽50～60厘米的排水沟，水沟两旁留50～70厘米的人行道（图2）。

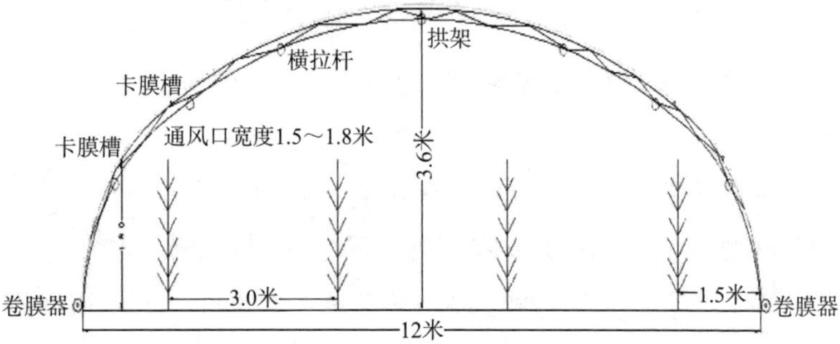

图2　关中地区12米钢结构大棚示意图

030 12米钢结构大棚施工程序和方法是什么？

（1）放线　按照设计，水平放线，四角定位打桩，沿桩拉线，沿线确定拱架两侧对称的入地点。

（2）基础预埋　两边开侧沟，沟内按照入地点的位置摆放高50厘米、上端15厘米×15厘米、下端30厘米×30厘米的混凝土垫墩，用螺丝固定或直接焊接骨架，用土夯实垫墩。

（3）拱架制作　拱架按照规定的参数采用桁架式，用钢管及钢筋焊接而成。上弦用直径28毫米×2毫米的国标钢管，下弦用直径12毫米钢筋。拉筋用直径8毫米钢筋，每22～25厘米设置一个，在上下弦之间按“人”字形焊接。桁架的中部上下弦相距20～30厘米，两端弦距逐步缩小到9厘米左右。桁架拱距1米。在下弦处用5道直径12毫米的钢筋做横向拉杆，拉杆上用直径14毫米的钢筋焊接两个斜向支柱。

（4）安装棚端　端部应保持垂直，保持各个立杆间距相同。

（5）拱架安装　按照拱距，将拱架两端用螺丝固定在垫墩上，或直接焊接在垫墩的预埋件上。

（6）拉杆安装　沿大棚纵向用直径21毫米×2毫米钢管或直径9～12毫米钢筋拉5道纵拉杆。两侧肩部各1道，顶部1道。肩部与顶部中间各1道。用焊接或卡件在拱架下弦内侧将各道纵拉杆连成一个整体。

（7）立柱安装　棚内中间增设立柱，间距4米。

（8）棚门安装　将事先做好的棚门安装在棚端的门框内，门与门框应保持严密。

（9）覆盖薄膜　棚两侧安装宽1.5～2.0米裙膜，上部用卡膜槽固定，下部边缘用土压实；顶部用宽12米薄膜覆盖，顶部及两侧腰部通风口上部各用一道卡膜槽固定，下端用卡件固定在卷膜器卷杆上。

（10）卷膜器安装　在棚端两侧距棚体30～50厘米分别安装两根随棚体倾斜的爬杆，长度为3～3.5米，在爬杆上安装卷膜器，卷膜器上固定卷杆，把顶膜下端固定在卷杆上。

031 如何正确选择棚膜？

设施栽培中，棚膜的选择具有十分重要的意义。在当今科技与经济条件下、设施中主要光源和热源是太阳光。阳光通过棚膜进入温室，因此棚膜的质量和性能直接决定着温室内的光照和热量状况，同时棚膜的成分含量化学因素也对设施空间内的生态环境产生重要的影响，这些都直接影响着设施内冬枣的生长、开花和结果。因此，在冬枣设施栽培中必须重视棚膜的选择。

用于设施栽培的棚膜为专用的塑料薄膜，在为冬枣设施栽培选用棚膜时，对薄膜的总体要求是要有良好的透光、保温、无滴、耐候、牢固、轻便等性能，但由于塑料薄膜生产时间、厂家的不同，其结构、成分、性能也互不一致。在购置棚膜时一定要充分了解塑料薄膜的功能和适用范围，以免带来不必要的损失。

032 大棚薄膜的发展阶段有哪些？

目前，棚膜产品结构向多层复合化发展，性能趋向高透光、高保温、高强度、长寿命和持续的流滴期、防雾期、防尘期等功能化、综合化发展。棚膜发展根据生产原料的不同，大体先后经历了四个阶段：第一是聚乙烯（PE）棚膜；第二是聚氯乙烯（PVC）棚膜；第三是乙烯-醋酸乙烯共聚物（EVA）棚膜；第四是PO膜，以及正在研发阶段的第五代五层共挤薄膜。

033 常用大棚膜有哪些特点？

（1）PE棚膜　PE棚膜质地轻、柔软、易造型、透光性好、无毒，适于做各种棚膜，是我国当前主要的农膜品种。可根据农户需要生产PE耐老化（单防）、PE耐老化流滴（双防）、PE耐老化流滴消雾（三防）等不同的产品类型，具有良好的耐老化和流滴消雾性。其缺点是耐候性、保温性差，不易粘接。

（2）PVC棚膜　PVC棚膜质地柔软，具有很好的保温性、透光性和耐候性，同时具有防老化和流滴性特征，使用寿命可高达12到18个月。其缺点比重较大，易粘尘，低温环境下发生脆化、变硬，高温环境下发生软化、松弛，用老化的残膜会有氯气产生，污染环境。

（3）EVA棚膜　这是当前使用数量较多的一种薄膜，该类薄膜具有超强的透光性，透光率在92%以上；具有良好的流滴消雾性，流滴期在4～6个月以上；具有良好的保温性、防尘性和超强的耐老化性（使用寿命18个月以上）。3层EVA薄膜可广泛用于设施栽培。其缺点是价位较高，目前规格有8丝、9丝不等。

（4）PO膜　是近几年发展起来的一种新型薄膜。该类薄膜是采用聚烯烃生产而成的高档功能性聚烯烃农膜，其透光性、持续消雾性、流滴性、保温性等在棚膜当中处于领先地位，性价比较高，是最具推广前景的一类薄膜，目前PO膜的厚度有8丝、12丝、15丝不等。

034 实际应用中棚膜宽度和长度如何确定？

当前市场上棚膜宽度有3～12米多种规格。选择薄膜时首先要实地测量大棚棚面的宽度，然后再加上压边、压膜时需要的宽度60～80厘米，就是所用农膜的总宽度。如实测棚面宽度是8米，所用农膜宽度应为8.6～8.8米。在确定膜的宽度时，要注意棚面上通风口的位置，使通风口的位置正处在大棚的高温区域内，以便进行通风操作，同时要注意选择宽度适合的棚膜互相搭配，以节省材料和减少剪粘棚膜等工序。温室棚膜长度比温室棚体长度要长0.5米。

塑料农膜出厂后，很容易受大自然中的日光和气体影响而使农膜中的化学成分发生变化，形成农膜老化。农膜出厂日期越长，老化的可能性就越大，所以选用农膜时要尽量选用最新出厂的棚膜。

035 如何进行温室覆膜？

温室膜一般分为南边底部裙膜、中间部分大膜和北边后背通风口膜。进行覆膜时，裙膜部分用2米宽的膜，北部用2.8～3.0米宽的膜，中部用4.0～6.0米宽的膜。

覆膜时，南部和中部膜的结合部留作温室的腰风口，冬季温室通风主要是通过腰风口通风，北部和中部的结合部留作顶风口，春季温室内温度迅速升高时，揭开裙膜通底风，并揭开顶风口同时通顶风，可形成空气对流，能迅速降低温室内的温度和湿度。

覆膜时，先覆裙膜，方法是将棚膜东西拉平，东、西两头用竹竿拉紧，并用铁丝扎紧固定。裙膜下边与地面接触处，用土压住20厘米左右。覆中部大膜时，压裙膜30厘米；后背膜与中部膜的接合部，后背膜压中部膜30厘米，形成上膜压下膜，覆瓦状压膜，这样下雨或下雪时，水可以顺棚面向下流动，而不会流到棚内，后背膜的北边盖在后檐上，用土或土袋压住。东西墙两头的棚膜固定方法与前窗膜相同，也可在东西墙上设置专门的压膜卡槽，用压膜卡槽和卡簧相配套固定薄膜效果更好。

覆膜是设施建设中一项十分重要的工作，为了保证设施内光照良好，覆膜一定要平整，要设计好通风口的位置。

036　如何进行大棚覆膜？

无论是竹木结构的大棚或钢架大棚，覆膜时都要先覆底脚围膜，一般是在薄膜的上边用电熨斗烙合成筒状，中间穿一条塑料绳，绑在大棚的边杆上，膜的下端拉平拉直埋入土中。

围膜固定后，即可覆盖大棚上部的薄膜，膜的宽度应以覆盖大棚顶部并盖住两边围膜，两边各超过围膜30厘米为宜。膜的长度为大棚总长度加上两倍的棚高，再加长60厘米，以备埋入大棚两端的土中。

覆盖棚膜应选在无风的晴天进行，先将整个棚膜从两边卷起，放在大棚顶部的中央，然后缓缓向两侧推展放平，并超过和从上面压住围膜，棚两端的膜要拉紧拉平，下部埋入土中并压实。大棚上的膜覆盖完后，用压膜线将膜压平压紧，即完成整体大棚的覆膜工作。

037 如何进行压膜？

压膜是为了防止棚膜在有风的情况下上下抖动，造成棚膜破烂和撕裂。为保护棚膜，必须进行压膜。一般设施在薄膜覆盖好后要立即压膜。压膜方法有两种：

（1）用竹竿压膜　用竹竿压膜，操作容易，缺点是固定用的铁丝必须穿过棚膜，使棚膜上形成许多小孔，这样不仅会散失棚内热量和水分，而且容易造成薄膜损伤，若遇大风，常造成棚膜上下抖动，常常形成棚膜撕裂，从而影响棚膜使用年限。为了解决这个问题，最好的办法是使用压膜线压膜。

（2）用压膜线压膜　压膜线是一种用高强度塑料和尼龙绳结合制作的扁平、条状拉线。温室用压膜线压膜时，先把一头固定在北墙的外墙上，然后使压膜线通过后檐至温室最高点，再从两根纵向棚杆的中间拉至棚前地面并拉紧，然后用木楔固定在地面上。压膜线拉得越紧，棚膜固定得越牢固。大棚压膜方法可参照此步骤进行。

038 为什么要在设施膜上覆盖保温物？在什么情况下加盖保温物？

设施在白天接收日光能，使设施内气温和土温上升，而到晚上，由于辐射和对流的转变，设施内的热量大量散失。据测定，温室中白天接收的日光能和热量，55%以上均由棚面在晚间向外辐射而损失。因此，在做好其他保温工作的同时，一定要注意棚面上保温设备的设置和操作，以尽量减少温室中热量的外传。

039 常用的温室保温材料有哪几种？如何选择温室的保温材料？

生产上常用的设施棚膜上的保温材料是草苫、棉被和无纺布等。近年来，一些新型的轻型保温覆盖材料相继投入市场，如“无纺布+化纤”“无纺布+羊毛保温被”等。在一个地区如何选择温室的覆盖材料，要根据当地的具体气候状况、温室结构、栽培目的及栽培者的经济状况等因素来决定。在实际生产中对覆盖材料的基本要求是保温性能良好、重量轻、不吸水、使用寿命长、投资较少。

040 冬枣设施栽培中适合采用哪种卷帘机？

卷帘机是负责拉、放温室大棚上保温覆盖物的专用机械，生产上应用较多的是电动卷帘机，它以电为动力，配合相应的减速机、卷帘轴等机械装置，不但大大减轻了人的劳动强度，而且能在更短时间内完成揭帘或放帘工作。

目前常见的卷帘机有两种：

（1）提拉式卷帘机　这种卷帘机的电动机、减速机和卷帘轴全部安装固定在温室后屋面上或后墙上，在温室后屋面上横向安装一根用镀锌管制作的卷帘轴，在保温帘的下端同样固定一根与保温帘宽度相同的细镀锌钢管，同时在保温帘下面，纵向铺放数根拉绳，拉绳的一端固定在温室后屋面上，另一端绕过保温帘缠绕在卷帘轴上。启动电动机后，卷帘轴开始转动，拉绳在卷帘轴上缠绕，从而牵引卷帘上升，完成揭帘工作，而铺放时，则反方向转动，松放保温帘上的拉绳，保温帘即可在棚面上很快铺好。

（2）倒杆式卷帘机　这种卷帘机和提拉式卷帘机不同，它的电动机和减速机固定悬挂在温室大棚一侧的固定杆上，电动机和减速机的动力输出一端通过万向节传动轴和温室大棚上的卷帘轴相连接。开启电动机后，卷帘轴随传动轴旋转完成卷帘工作，铺放保温帘时，电动机反向转动即可完成放帘工作。

第三部分

设施冬枣的栽植

PART 3

冬枣是多年生深根性植物，喜欢疏松、通气性良好的土壤，定植前必须对设施内土壤进行深耕、熟化与改良，给根系生长创造一个良好、适宜的环境条件，这样才能保证冬枣幼树健壮生长、快速成形，及早进入结果期。深翻前，每亩施入腐熟的农家肥（牛粪、羊粪、猪粪等）5～10方和100千克过磷酸钙，然后深耕翻入土壤，再进行栽植。

041 如何确定冬枣的种植密度和行向？

冬枣的种植密度与立地条件、管理水平及结果期的早晚有关。立地条件好，水浇条件好，有充足的肥源，可以将冬枣种植密度适当调小一些；反之，密度可以适当大一些。要让冬枣园尽早取得高效益，可进行合理密植。

据研究，果园覆盖率在70%～80%，叶面积系数达到4～5才能实现果品的优质丰产。栽植密度越大，达到丰产指标的年限就越短。稀植大冠树要3～5年才能达到上述丰产指标，密植园当年就能实现。密植园能充分发挥果园前期群体优势，叶面积迅速扩大，同化功能强，营养物质积累多，营养生长向生殖生长转化快，可提前结果并缩短进入丰产期的年限。冬枣是鲜食品种，目前仅限于人工采摘，适宜小冠密植。密植园树体矮小，便于修剪、施肥、浇水、摘果、喷药等果园作业，可减少生产成本，利于枣园增效。冬枣有当年栽植、当年成活、当年成花、当年结果的特点，密植园能充分发挥冬枣的早实特性，达到早结果、早丰产。

目前，温室栽培密度一般株距1.0～1.5米，行距2.0米。春暖式大棚栽培密度一般株距1.5～2.0米，行距2.5～3.0米。从生产栽培角度来看，果园行向以南北向较好，南北行向树与树之间遮阴少，光照均匀，通风透光好，适宜冬枣的生长发育。但目前为了便于机械化耕作，温室栽培可选东西行向。春暖式大棚有时受田块限制，行向可依田块而定，不强调要求。

042　设施栽培冬枣苗木的质量要求是什么？

栽培的苗木如果是从外地调运，则必须符合当地检疫要求。苗木纯度要求95%以上。顶梢木质化程度高，顶芽充实，茎干通直，枝干根皮无机械损伤。

043　冬枣苗木的分级标准是什么？

冬枣苗木分级标准见表2。

表2　冬枣苗木分级规格

等级	干径/cm	株高/cm	根　系			整形带内饱满芽数/个
			侧根/条	长/cm	粗/cm	
特级	＞1.2	＞100	6	＞15	＞0.1	≥6
一级	0.8～1.2	80～100	5	12～14	＞0.1	≥6
二级	0.6～0.8	60～80	4	10～11	＞0.1	≥6

044　冬枣苗木如何假植？

秋季购买的苗木，如不立即栽植，应选择背风向阳、排水良好、土壤湿润的地方挖假植沟。沟的深度一般是苗木高度的1/2，长度视苗木多少确定。沟的一端做成斜坡，将苗木靠在斜坡上，逐个排放，一层苗木盖一层土，盖土深度一般达苗高的1/2处，盖土要实。冬季风大时，在假植苗的地上部分加覆盖物。

045 如何提高冬枣苗木栽植的成活率?

影响冬枣苗木栽植成活率的因素很多，如苗木质量、栽植时间、栽植技术、栽后管理等。为提高冬枣苗木栽植成活率应做到以下几点：

（1）苗木处理　冬枣苗一定要选择品种纯正、根系完整、无机械损伤、检疫合格的优质壮苗。栽前根系要用水浸根12小时，使根系吸足水分，并对根系进行修整，剪去坏死、腐烂及劈裂等不良根系，再用ABT生根粉10～15 ppm的溶液浸根1小时，然后即可栽植。为提高成活率，可将苗木的二次枝剪除，中心主枝延长头在定干高度处留壮芽修剪。

（2）规范定植　在已整好的地块上，根据冬枣苗的根系大小在定植点上挖植树坑。坑的大小以保证根系舒展为宜，然后放入处理好的冬枣苗，苗木的株行间对齐，使行内、行间成直线，栽后浇一次透水，水渗后覆盖地膜，以保墒和提高地温，利于根系生长。

（3）加强管护　冬枣苗定植成活后，可在夏季高温来临之前撤去地膜，如土壤墒情不足，可进行灌水以增加土壤湿度，浇水后要及时进行中耕除草保墒，促进冬枣树生长。水质不好的盐碱地上的冬枣在一般情况下不用浇水，可进行多次中耕，减少土壤返盐频率。生长期要注意病虫防治，并结合用药加喷叶面肥2～3次，促进冬枣苗的营养生长，生长后期可喷2%磷酸二氢钾溶液2～3次，提高植株的木质化程度，有利于冬枣苗的安全越冬和来年的生长结果。对没有成活的冬枣树，来年要及时补栽，以保持枣园园相整齐，便于管理。

046 设施栽培什么时间栽植冬枣最好？

设施栽培栽植冬枣时期和露地一样，可分为秋栽和春栽。秋栽从秋季落叶后到土壤封冻前均可进行，秋季栽植时间越早越好，在9月中下旬实行带叶栽植，可提高成活率（苗木叶片应保留1/3为好）。来年春季栽植可适当晚栽，可在冬枣芽萌动前一周开始栽植，在陕西大荔县时间一般为3月下旬，栽植成活率较高。从理论上分析，冬枣秋栽应该比来年春栽成活率高，因为秋栽土壤墒情好，返盐低（盐碱地），来年根系活动先于地上部分，但实践结果却是春季栽植成活率高，其主要原因是苗木失水。因为从秋栽到来年枣树萌芽需经过半年的时间，受冬季北方寒冷低温、空气干燥、大风等因素的影响，造成苗木失水。另外，枣树是喜温树种，根系活动和开始生长所需地温高于其他北方落叶树种，秋季枣树落叶后的土壤温度已低于根系生长和活动的地温，根系尚无吸水功能，难以补充地上部分需水而造成苗木死亡。因此冬枣春季栽培效果较好。

047 如何栽植冬枣？

（1）挖坑　栽植坑一般是边长为50厘米的正方体，大苗坑适当再大些。坑土一律堆放在行向一侧，表土和心土分开堆放。

（2）栽植方法　栽植时实行“三埋两踩一提苗”的方法。即表土拌入肥料，取一半填入坑内成丘状，将苗放入坑内，使根系均匀分布在土丘上；然后将另一半掺肥表土培于根系附近，轻提一下苗后，踩实使根系与土壤密接；上部用心土拌入肥料继续填入，并再次踩实，填土接近地表时，使根茎高于地面5厘米左右，在苗木四周培土埂做成水盘。栽好后立即充分灌水，待水渗下后，苗木自然随土下沉，然后覆土保湿。最后要求苗木根茎与地面相齐，埋土过深或过浅都不利于冬枣苗的成活、生长。

048 冬枣栽植后的管理内容有哪些?

（1）修剪　苗木栽植后应根据整形要求及时定干、抹芽、除萌蘖。

（2）追肥　当苗木新梢长到15～20厘米时，结合灌水，每亩每次追施速效氮肥10千克。也可于雨前开沟抢追化肥。同时，每隔10～15天，叶面喷肥0.3%尿素或0.3%磷酸二氢钾。

（3）病虫防治　注意金龟子、夜蛾类、枣瘿蚊等食芽食叶害虫的防治。

（4）果园生草　果园生草是指在果树行间至行内种植一年生或多年生草本植物，用来覆盖果园土壤，使土壤处于免耕作的一种土壤管理制度。

第四部分

设施冬枣的整形修剪

PART 4

整形的目的主要是培养树体骨干结构，形成枝条配置合理、通风透光良好、树势健壮平衡的树冠。修剪是在整形的基础上维持生长与结果的平衡，调节树体负载量和进行枝条更新，以维持较长时间的结果年限。整形主要在幼树期进行，而修剪要贯穿于冬枣生长的生命周期之中。

修剪和整形有密不可分的关系，整形靠修剪来完成，修剪靠整形来引导。在冬枣的幼树阶段，修剪和整形是同时进行的，设施栽培条件比较特殊，要在有限的环境中取得较好的经济效益，整形修剪就显得尤为重要。

049 设施内冬枣修剪的主要任务是什么？

冬枣树第一年修剪主要依据株行距，培养目标树形。第二年完成树体整形后，修剪的主要目的就是维持树体结构，调节生长和结果的关系，使生长和结果保持相对的平衡，并及时进行枝条的更新，从而保持健壮的树势和相对稳定的结果部位，促进丰产、稳产，延长结果年限。

050 为什么设施冬枣特别强调合理整形？

冬枣树是多年生植物，一般栽植后几十年或更长时间都能开花结果。冬枣到了成年，树冠扩大，枝群复杂，枝数日益增多，其间一部分枝虽能自行枯萎或衰弱，重发新梢，新旧更替，但这种自然更新，在设施棚内有限的生长空间里常造成枝条混乱，陡长郁闭。这不但影响生长结果，而且容易诱发病虫害，所以设施冬枣必须强调合理整形。通过整形，形成合理的树体结构，充分利用温室内的有效空间，使冬枣植株各部分均匀受光，达到生长健壮、结果良好、丰产、优质、高效的目的。

051 冬枣芽的类型和各自的生长特点是什么？

冬枣芽的类型一般分为主芽、副芽、隐芽、不定芽。

（1）主芽　主芽着生在枣头和枣股的顶端，或侧生于枣头二次枝基部叶腋间。主芽为鳞芽，呈针刺状，形成后当年不萌发，为晚熟性芽。因其着生部位不同，生长发育习性也各不相同。着生于枣头顶端的主芽，具有针刺状鳞片，萌发后抽生枣头，连续生长能力强，并构成枣树的树体骨架，只有当生长衰弱后才形成枣股。位于枣股顶端的主芽，每年向前延伸很短，仅1～3毫米。

（2）副芽　副芽位于主芽上方，当年即可萌发成不同的发育形态。位于枣头一次枝上的副芽一般发育成永久性二次枝；二次枝上的副芽随着枝条的生长抽生枣吊（脱落性枝）；着生在枣股上的副芽，一般多萌发为枣吊。因副芽是裸芽，边形成边萌发，故看不到它的外形。

（3）隐芽　有的主芽由于缺少激素的刺激，生长处于抑制状态，暂不萌发，这类主芽称为隐芽。发育枝和枣股上的主芽，大多潜伏成隐芽。隐芽的寿命因品种和着生位置不同有很大差别。一般在主枝基部隐芽寿命较长，越靠近枝条顶端的隐芽寿命越短。

（4）不定芽　不定芽的萌发既没有特定的时间，也没有特定的部位，多出现在主干、骨干枝基部或机械伤口处，多由射线薄壁细胞发育而来。一般是骨干枝受外力影响，在愈伤组织上形成数个不定芽，抽生形成发育枝，在更新中起着重要作用。

052 冬枣的枝条类型如何区分？各自生长的特性是什么？

冬枣树的枝条与其他果树不同。按照传统的方法可分为枣头（发育枝）、二次枝（结果基枝）、枣股（结果母枝）、枣吊（结果枝）四种。

（1）枣头　也就是一年生发育枝，为营养性枝条，是形成冬枣树体骨架和结果基枝的基础。它不单纯是营养生长枝，同时又能扩大结果面积，有的当年就能结果。在整形修剪时，有的枣头可培养成骨干枝，有的则被用作结果，所以又称为结果单位枝。

枣头都是由主芽萌发而成，具有很强的延伸能力，并能连续单轴延伸，加粗生长也快。

一般枣头一年萌发一次，在生长过程中，枣头主轴上的副芽，按2/5叶序萌发，其主轴继续延伸生长，随着枣头的生长，其上的副芽也由下而上逐渐萌发成二次枝。其中上部萌发的永久性二次枝，按1/2叶序着生芽组，每一芽组内有一个主芽和数个副芽，当年副芽萌发成三次枝，也就是枣吊，可以当年开花结果。

在幼树、旺树和更新的枣树上，一年中常有二次生长的现象，但在两次生长之间，不像苹果树的春、秋梢那样有明显的界线。

枣头的生长很旺，年生长量一般可达1米以上，是形成主枝、侧枝、构成树冠的主要枝条；枣头上的二次枝，一般只有5～8节，多者可达10节以上，每个节上又有主芽和副芽。主芽当年不萌发，第二年形成枣股，二次枝是着生枣股的基枝；副芽在当年只能抽生一个枣吊，虽然也能开花结果，但因生长期短，开花结果晚，所以果实小，品质也差，摘心后可提高坐果率，促进果实发育。

在枣头二次枝基部侧生的主芽，一般当年多不萌发，常处于休眠状态，是枣树更新的基础。枣头顶端的主芽，虽能萌发枣头，但在树体衰弱或营养条件较差的情况下，也可能由枣头转化为枣股。这种枝芽相互转化的现象，是枣树修剪的重要依据。

枣树的年龄不同，着生枣头的多少也不一样。幼树和旺树，着生枣头较多，进入盛果期后逐渐减少，进入衰老期后，几乎不能抽生枣头，但在自然更新时，仍能萌发大量枣头。

枣头的生长特点和其他果树的发育枝不同，它不是先抽生一次枝，再抽生二次枝，而且一次枝和二次枝几乎同时向前延伸，很难分出先后顺序。由于枣头上的顶芽和侧芽连年不断地萌发新枣头，便逐渐构成了整个树冠。

（2）二次枝　由枣头中上部的副芽所长成的永久性二次枝，简称二次枝。这种枝条呈“之”字形弯曲生长，是形成枣股的基础，所以又称结果基枝。这种枝条当年停止生长后，顶端不形成顶芽，以后也不再延伸生长，并随树龄的增长，逐渐由先端向后枯缩，加粗生长也较缓慢。结果基枝的长度、节数和数量与枣的品种、树势、树龄等有关。一般枣头生长势强的，其二次枝也长；枣头生长势弱的，二次枝也短。二次枝的节数变化也大，短的只有4节左右，长的可达13节以上，每节着生1个枣股，其中以中间各节的枣股结果能力最强。结果基枝的寿命和枣股相似，一般为8～10年。

（3）枣股　由结果基枝或枣头上的主芽萌发形成的短缩结果母枝，和其他果树的结果母枝相似，每年由其上的副芽抽生枣吊开花结果，它是枣树结果的重要器官，所以称为枣股。

枣股的顶芽是主芽，虽然每年都延伸生长，但生长量极小，生长长度只有1～2毫米。随着枣股顶芽的生长，其周围的副芽也同时抽生2～6个枣吊开花结果。随着枣股年龄的增加，抽生枣吊的数量也随之增加，产量也逐年提高。一般以3～7年生的枣股结果能力最强。着生在二次枝上的枣股，10年生以后，结果能力衰退；而着生在主、侧枝上的枣股，最多可活20～30年，以后便逐渐衰老死亡。

枣股衰老后，基部往往还有潜伏芽，所以能再度形成枣股，继续抽生枣吊开花结果。对弱树、弱枝回缩更新时，其上的枣股还能抽生强壮的枣头，重新形成树冠。

由枣股副芽所抽生的枣吊，是结果的基础。只有增加枣股，才能增加枣吊，只有增加枣吊，才能提高产量。因此，在加强土肥水综合管理的前提下，正确运用修剪技术，培养大量健壮枣股，才能获得高产。

（4）枣吊　枣吊是枣树的结果枝。它是由副芽或枣头基部的二次枝抽生的纤细枝条，具有结果和进行光合作用的双重作用，常于结果后下垂，所以枣农称其为枣吊。

枣吊一般长10～25厘米，15节左右，幼旺树上的枣吊，可长至30厘米以上。每年由枣股萌发，随着枣吊的生长，在其叶腋间出现花序，开花结果，于秋季随叶片的脱落而脱落，枣吊具有枝、叶两种性能，所以又称“脱落性结果枝”或“两型枝”。一般情况下，枣吊进入落叶期正常脱落，有一部分枣吊由于营养供应充足，木质化程度较高，秋冬季不脱落，这一部分枣吊称为木质化枣吊，需人工剪除。

枣吊多依次生长，一般枣吊有13～17节，长势弱的树，枣吊的节数也少，也很少有分枝。枣吊又对叶面积的大小起决定性作用。随着枣吊的生长，叶面积逐渐扩大，花序也陆续形成，生长和发育同时进行。在1个枣吊上，以4～8节叶面积最大，以3～7节结果最多。到开花坐果期，枣叶面积已达生长顶点，如果此时枣吊继续生长，则对坐果不利，所以，应选择枣吊一次生长的品种。如在花期摘心，抑制其先端生长，也可提高坐果率。

枣吊一般没有分枝能力，但如在生长期间遭受机械损伤脱落后，会从原枣股处萌发新的枣吊，它具有多次萌发和多次结果的特点，所以在生产中可以看到，冬枣在遇有冰雹等自然灾害时，第一茬花遭受损失以后还能重新抽枝开花。这是修剪中应该注意利用的特性，也是枣树能够抗灾丰产的基础。

053 冬枣的枝芽是如何转换的？

冬枣的枝和芽，其生长发育有一定的规律性，枝芽间具有相互依存、相互转化和新旧交替的关系。着生在枣头、枣股顶端，或侧生在枣头叶腋间的主芽，萌发以后形成的枣头和枣股，不但长势不同，形态各有差异，其功能也不一样。枣头和枣股均可因遭受刺激或改变营养条件而互相转化。枣股遭受刺激后，通过修剪可抽生枣头，由结果枝转化为营养生长枝；对枣头早期摘心，可抑制二次枝生长，使枣头由生长枝转化为结果枝，并于当年形成产量。枣头上的二次枝，是由副芽形成的，其叶腋间的主芽，第二年均能生成新生枣股。生长性枝和结果性枝相互依存、相互转化的关系，是枣树修剪和调整枝势的依据。

枣股受到刺激可抽成枣头，而枣头由于衰老或营养不良可形成枣股；副芽抽生的枣吊，遇到自然灾害后，如果营养充足抽生二次枣吊，仍可开花坐果；若枣头没有萌发抽枝，可发的枣吊从基部掰掉，刺激主芽萌发。

054 冬枣有哪些修剪方法？

（1）短截　截去一年生枣头或二次枝的一部分，叫短截。其作用是集中养分，改善膛内光照，刺激生长或抑制生长。短截可分为轻短截、中短截、重短截。

（2）双截　在枣头上的二次枝上方截去枣头，并将二次枝上从基部疏去叫双截。其作用是刺激主芽萌发新枣头，扩大树冠或培养结果基枝。这就是枣树修剪的“一剪子堵、两剪子出”的特点。

（3）回缩　截去二年生以上枝条的一部分叫回缩。其作用是集中养分，改善膛内光照，促进生长，一般用于复壮和更新枝条。

（4）疏剪　疏去膛内枣头、二次枝、枣股，叫疏剪。作用是调整膛内枝条结构，集中养分，改善通风透光条件，平衡树势，使其健壮生长。疏剪的部位和剪去的枝条大小强弱不同，其作用也不同。疏去大枝对母枝有减弱长势的作用，疏去竞争枝有促进其他枝生长的作用。

（5）环割　在结果枝上用刀环割2～3圈，环与环间有一定距离，被称为环割。环割的作用是割断韧皮部输导组织，阻隔养分回流，提高环割部位以上营养物质积累，促进花芽形成，提高坐果率。

（6）开甲　在枣树主干上进行环状剥皮被称为开甲。其作用是割断树干皮层输导组织，阻断甲口以上部位养分回流，集中营养，有促进花芽形成、提高坐果率、促进果实生长等作用，枣树花期开甲是提高坐果率的重要手段。开甲的时间不同，其作用也不同。如在枣树萌芽期开甲，有促进花芽分化和形成的作用；在枣树花期开甲，有提高坐果率的作用；在果实幼果期或膨大期开甲，有促进果实生长、增加单果重和果实提前着色、成熟的作用。

（7）摘心　剪去新生枣头的部分嫩梢叫摘心。其作用一是抑制枣头生长，减少养分消耗，减少落花落果，提高坐果率；二是培养目标结果枝组。

（8）扭枝　对影响骨干枝生长及膛内光照的枣头、长势强旺的二次枝，手持枝条慢慢弯曲扭转，改变其生长角度和方向的作业手法称扭枝或拿枝软化。对半木质化的枣头改变生长角度和方向的作业称扭梢。扭枝的作用是破坏枝条输导组织，改变生长方向和角度，缓和生长势，改善膛内光照条件，有利于结果。

（9）拉枝　根据目标树形的要求，把枝条拉至整形要求的位置并固定的技术，被称为拉枝。其作用是改变不同枝条的生长角度，平衡各类枝条的生长势，形成良好的树体结构，改善树体光照条件。

（10）抹芽与除萌　及时抹去枝条上无用的芽及树体基部的萌蘖，被称为抹芽和除萌。其作用是减少营养消耗，有利于树体发育和结果。

055　什么是营养生长和生殖生长？修剪对其有什么意义？

在冬枣年生长周期中，营养生长可以简单地理解为构建树体枝干、叶片及根系的生长。生殖生长是花芽分化、开花、结果以及果实及种子的生长。在冬枣的整个生命周期中，幼树期又称童期，主要是营养生长；初果期，是以营养生长为主，生殖生长处于次要地位；盛果期，是以生殖生长为主，营养生长为辅；衰老期，生殖生长和营养生长都严重衰退。不同时期，树体养分分配去向不同，决定了营养生长和生殖生长的转换。修剪技术是调节树体养分分配的重要手段，通过修剪可以调控营养生长和生殖生长的转换。如一个直立旺盛的枝条，可以通过扭枝改变生长方向，使其水平或下垂生长，该枝就会由营养生长转向生殖生长，生长势缓和，很快变成结果枝结果。再如一个结果枝本来是以生殖生长为主，如果冬剪时回缩修剪，则可以促生新的枣头，此时该结果枝的营养生长得到加强。

056　冬枣整形修剪的原则是什么？

（1）长远规划，全面考虑　果树是多年生植物，虽然不同树种进入结果期的早晚有所不同，但结果年限少则十至二十年，多则上百年。因此，整形修剪得当与否，对幼树结果早晚和盛果期年限的长短均有很大的影响。如果只强调早结果、多结果，而不注意树体结构和健壮长寿，就会缩短果树的结果年限或形成小老树。如果只考虑树形，不考虑适龄结果，就会推迟结果年限，影响经济收入。因此，要长远规划，全面安排，做到既考虑长远，又照顾当前。在幼树期，应采用“轻剪长放多留枝，整形结果两不误”的修剪措施，以达到提早结果、骨架牢固，为以后丰产打下良好的基础。进入结果期后，应采用“控制树高，解决光线，抑前促后，充实内膛，调整生长与结果的关系，延长盛果期年限”的修剪措施，使其稳产、高产。衰老期要以回缩修剪为主，更新复壮结果枝组，延长果树的经济寿命。

（2）因枝修剪，随树作形　果树由于受外因和内因的不同影响，其生长情况千差万别。为了适应这种差异性，在进行整形修剪时应本着“因枝修剪，随树作形”的原则，具体情况具体分析，不能死搬硬套，强求树形。在运用外地经验时，必须结合本地、本园的具体情况，有所取舍，灵活掌握，创造性地提出适合本地、本园的一套技术措施，才能随枝就势，诱导成形，才不致违背树的生长习性，犯机械造形、为造形而造形的错误。对于同类枝条来说，它们彼此之间在生长量、角度、硬度、成熟度和芽形成情况等方面也都有差异，这就要求掌握好“火候”进行修剪，这样才能达到理想的效果。

（3）均衡树势，主从分明　均衡树势就是要求同层骨干枝的生长相差不大，各层骨干枝要保持相应的均衡，防止出现上强下弱、下强上弱或一边强一边弱等现象。在整形修剪时，应采取抑强扶弱、促进和控制相结合的修剪方法，以维持树体结构圆满紧凑。主从分明就是要求明确各级骨干枝间的主导和从属关系，中心干要强于各级主枝，下层主枝要强于上层主枝，主枝要强于侧枝。从属枝条必须给主导枝条让路，如果相互干扰时，应该控制从属枝条的生长，使各级骨干枝保持相应的差异和势力。总之，各级各类枝条在长度、高度和粗度上均不能长于、高于或粗于其着生的母枝。

（4）以促为主，促控结合　以促为主、促控结合的原则，主要用于未结果的幼树和初果期树。在加强肥水管理和通过短截增生分枝，促进其营养生长的基础上，使枝条分工合理。对于骨干枝，可促使其健壮生长，迅速形成树冠，培养牢固的骨架，而对其他的枝条在夏季采取控制手段，使这些枝条营养生长转化为生殖生长，形成花芽，提早结果。通过以促为主、促控结合的措施，达到利用骨干枝形成树干，扩大树冠，利用辅养枝提早结果、整形结果两不误的目的。

057 目前生产中常用的树形有哪几种?

设施内的冬枣整形要和其结果习性以及设施结构相适应。目前，密植枣园多采用主干形、倒“人”字形，中密度枣园采用开心形。

058 什么是冬枣主干形树体结构?

主干形是目前温室高密度栽培常用的一种树形。一般株距×行距为（0.8～1.0）米×（1.5～2.0）米，树高1.8米，主干直立，高35～40厘米。二次枝8～10个，均匀排列在主干上，不重叠，不分层。二次枝枝长50～60厘米，水平伸展。冠径1.0米。

059 冬枣主干形树体结构有什么特点?

主干形树体结构的主要特点是层次结构简单，树体较小，容易成形，光照良好，产量上升快。不足之处是容易形成上强，若不加控制，二次枝则老化快，更新比较困难；大量结果后枝条容易下垂，难以支撑。

060 如何培养冬枣主干形树形？

当年定植后在距地面20～30厘米处留2～3个饱满芽平茬，来年萌发后，选留一个健壮的枣头促其生长，以达到目标树形的要求。当年高度不够的，第二年从苗木顶端饱满芽处短截，来年继续培养新枣头，高度满足后，秋季适时摘心，促进二次枝木质化；当年苗木长势比较弱的，重新平茬整形。

061 什么是冬枣倒“人”字形树体结构？

倒“人”字形是温室高密度栽培常用的一种树形，一般株距×行距为（0.8～1.0）米×（1.5～2.0）米。树高1.5～1.8米，干高30～40厘米。留两个主枝呈“Y”形拉开，看起来像是一个倒写的“人”字。角度25°～35°，依株行距大小而定。每个大枝上着生二次枝8～10个。

062 冬枣倒“人”字形树体结构有什么特点？

倒“人”字形树体结构的主要特点是树形树体较小，结构简单，容易整形，透光良好，丰产，便于管理。缺点是主枝结果后负荷较重，容易从主枝分叉处劈裂，易衰。

063 如何培养冬枣倒“人”字形树形？

当年定植后在距地面50厘米处留3～4个饱满芽平茬，来年萌发后，选留两个健壮的枣头促其生长，秋季落叶前进行拉枝，以达到目标树形的要求。当年高度不够的，第二年从苗木顶端饱满芽处短截，来年继续培养新枣头，高度满足后，适时摘心，促进二次枝木质化；当年苗木长势比较弱的，重新平茬整形。

064 什么是冬枣开心形树体结构？

开心形是目前大荔春暖式大棚栽培的主要树形。干高60～80厘米，在主干上轮生或错落着生4～6个主枝，主枝基角70°～80°，没有中央领导干，每个主枝上配置10个二次枝，树高控制在2.5米以下。

065 冬枣开心形树体结构有什么特点？

开心形树形的特点：通风、透光，树冠内秃裸现象轻，结果多、着色好，同时树形培养比较快，适合于密植，便于管理和采收，但由于没有中心领导干，主枝上结果单位较多，负荷较重，容易下垂、风折，同时下垂枝自然更新早、寿命较短。

066 如何培养冬枣的开心形树形？

当年定植后在距地面20～30厘米处平茬，第一年冬剪，在距地面60～90厘米整形带内选择4～5个生长方位适宜、生长势强的二次枝，留1～2个发育健壮的枣股短截，培养新的结果主枝。第二年冬剪疏除多余的枣头和过密的二次枝，培养良好的结果骨架。第三年冬剪主要对生长量不够的枝条进行重新短截，促进其萌发新的结果主枝。

067 冬枣如何定干？

及时定干可早增加枝量，有利于早期丰产。定干的目的在于控制第一层主枝的高度。枣园因栽植密度、方式和土壤条件不同，对定干高度的要求也有所区别。总的原则是土质好的地块比土质差的地块定干时可适当高些，稀植园比密植园定干要高。

根据冬枣的生长习性和栽培要求，定干方法可分为：清干定、留枣股定、拉刻定三种。

（1）清干定　枣树萌芽期，在预定的干高以上留20厘米的整形带处截干，并将剪口下的二次枝从基部全部疏除，以集中营养，促使主干上的主芽萌生新枣头。于秋季落叶前采用拉枝方法，开张基角，培养其成为主枝。

（2）留枣股定　枣萌芽期，在要求的干高度以上留4～5个二次枝，二次枝留一个枣股进行短截，其余二次枝全部疏除。

利用选留的枣股萌生新枣头，做整形用。

（3）拉刻定　坐地苗植株不定干，只是在萌芽前将植株顺行间用绳拉成与地面呈90°的角，以减缓主干顶端生长优势，增强中下部养分积累，然后在弯斜的主干以下，按照整形要求，选留生长健壮的二次枝留一枣股桩短截，在弯斜部进行环割，暂时阻碍营养物质和细胞激动素的上运，阻碍枝条先端内源赤霉素的下运，从而促使伤口下枣头迅速生长成形。

068　冬枣整形时如何拉枝？

（1）拉枝的时间　秋季落叶前和果树萌芽期，这两个时期枝条比较柔软，拉枝时省工省力，且枝条不易劈裂。

（2）拉枝的角度　要根据密度、树形和立地条件等灵活掌握，开心形，基角70°～80°，梢角上扬；倒“人”字形，一般基角30°～40°视行距而定，拉枝后，行间树体不交接。

（3）拉枝的方法　由于枣树枝条比较硬、脆，拉枝时容易从基部劈裂，拉枝前，要用绳条绑缚在枝条基部，然后采用“一拉二揉三固定”的方法将枝条拉至需要的角度和方位。

（4）注意的问题　拉枝用的绳条最好选用柔软的草绳、宽布条和宽粗塑料条等，如用铁丝、细绳等物，应在枝条上垫麻片、布条等以免造成缢伤。当拉枝角度固定后应及时解除绑缚物，防止铁丝、细绳等陷入皮层造成缢伤，进而削弱树势，诱发病害。

069 幼龄期冬枣如何修剪？

冬枣的幼龄期从定植开始至树体成形结果这一段时期，又称为幼树期。幼树期一般1～2年。这一时期以营养生长为主，按照整形要求，需要培养一个合理的、牢固结果的树体骨架。修剪手段以短截、双截、摘心、除萌、拉枝为主。

070 成龄期冬枣如何修剪？

树体骨架形成至枣股结果能力下降，40%～45%的枣股不萌发时的这一阶段，称为成龄期。这一时期的长短和土壤条件、管理水平、施肥情况等相关。修剪手法以疏枝、扭枝、拉枝为主，调节营养生长和生殖生长的平衡，以维持较长的盛果期年限。

071 衰老期冬枣如何更新？

当枣股50%以上不萌发，称为“盲眼”，又称“瞎眼”。此时就要考虑更新树体。更新分为小枝更新、大枝更新、整株更新三种方法。

（1）小枝更新　小枝更新又称二次枝更新。二次枝上枣股“瞎眼”过半时，在枣芽萌发期，基部留一个萌发的枣股不摘心，让其成为枣头生长，当抽生出1～2个二次枝时，多枣头摘心，促进二次枝生长，二次枝长度达到要求时，及时摘心，促进二次枝成熟老化。冬季修剪时，剪去衰老的二次枝，更新完成。

（2）大枝更新　大枝更新又称骨干枝更新。骨干枝枣股“瞎眼”过半时，当年适当加重骨干枝的环剥，剥口下部留一个萌发的隐芽不抹除。让其发展成为新枣头，放任生长，冬季修剪时锯掉衰老骨干枝，更新完成。注意两点：一是当年萌发的枣头比较弱，满足不了更新的要求，翌年要重新短截促其生长，完成更新；二是更新骨干枝不能一次完成，需分2～3年完成，否则营养生长过旺，影响当年枣果的成熟。

（3）整株更新　在树体衰老的当年，在主干上加重环剥，留一个萌发的隐芽让其生长，当年放任不管，秋冬季修剪时按照整形要求重新定干。第二年，老树和更新枝同时存在，老树继续结果，更新枝成形。当更新枝树体成形后将老树锯掉，完成整株更新。

第五部分

提高冬枣坐果率

PART 5

枣树是一种喜温喜光的果树，其落花落果现象较为严重，自然坐果率低，一般仅为1%左右。因此，采取适宜的花果管理技术提高坐果率，是冬枣设施栽培中丰产、稳产、提高效益的保障。

072 冬枣坐果需要哪些条件？

冬枣坐果需要三个条件，三者缺一不可。第一，树体良好的营养状况，是枣树坐果的基础，树势生长中庸，储藏养分充足，有利于坐果；第二，授粉受精，产生内源激素或人工喷施外源激素，刺激子房生长发育；第三，花期良好的外部环境条件，包括适宜的温度、空气湿度、充足的光照、土壤水分和矿质营养元素等。

073 提高冬枣坐果的措施有哪些？

（1）幼树拉枝　通过拉枝、开张角度，能缓和树势，提高透光率，增加通风性，利于成花。

（2）抹芽　对于刚萌发但位置不合理、无利用价值的枣芽以及过密的枣头，应从基部彻底抹除。

（3）摘心　摘心包括两项内容：一是枣股萌发后，留2个枣吊进行摘心；二是枣吊长至12个叶片时，留10个叶片进行摘心。这样既节约营养，又促进花蕾分化。

（4）环剥　环状剥皮又称开甲，在盛花期环剥树干、主枝，或大型结果枝组，切断韧皮部，阻止有机营养向根部输送，提高对花果的营养供应，这一措施对提高坐果作用十分明显。

（5）花期喷施植物调节剂　喷施植物调节剂：一是刺激子房生长发育成幼果；二是能使花朵坐果适应的温度上下范围扩大2℃，提高了枣树坐果期对温度的适应性，促使花朵更加稳定地坐果。

（6）花期喷施微肥和喷水　喷施微肥不但可以补充冬枣对微量元素的需求，改善树体的营养状况，还可以协调各元素之间的平衡，促进植株健壮生长，利于冬枣的坐果。

喷水可以提高空间湿度，利于花粉萌发，从而提高冬枣的坐果率。喷水时间以下午5时以后为最佳。

074　冬枣花期环剥注意事项有哪些？

（1）环剥时期　环剥时间一般在盛花期进行。

（2）环剥部位　对于1株结果的冬枣树来讲，环剥部位在主干上没有在主枝上的效果好，在主枝上没有在骨干枝上的效果好，在骨干枝上没有在侧枝上的效果好，在粗枝上没有在细枝上的效果好，在树的下半部没有在树的上半部的效果好。具体地说，对于高接换头的冬枣树环剥部位宜在主枝、骨干枝、侧枝上进行；对于密植冬枣园可根据自己的习惯在主干的中下部，或主枝、侧枝上进行。

（3）环剥宽度和甲口保留的时间　环剥宽度要根据树龄、树势而定，一般控制在3～10毫米。环剥宽度可根据自己的经验和习惯决定，多年经验表明，开甲宽度不是主要指标因素，主要因素是看甲口愈合期的长短。总结各地经验，从环剥开甲到甲口愈合需要35～40天，低于这个天数往往会引起枣树落果。甲口愈合期超过45天，则当年难以愈合。

（4）环剥的具体操作技术　首先刮去环剥部位的枝干粗皮，用环剥刀在刮皮部位上部斜向下向内横切1圈，深达木质部，再在下部斜向上向内横切1圈，深达木质部；将甲口间的韧皮部分全部扒下。最终做到切口宽窄一致、平整光滑，切口对齐，即完成整个环剥过程。

（5）甲口的保护　环剥2天左右、待甲口晾干后，用菊酯类杀虫剂喷涂甲口，以后每隔6～7天喷1次，保证环剥口不受灰暗斑螟危害。

075 冬枣环剥后甲口不愈合应如何处理？

生产上经常出现因甲口过宽、灰暗斑螟危害、机械损伤等人为失误造成甲口不能在40～45天内愈合，应采取以下补救措施。

（1）如果因甲口过宽在45天内没有愈合的，可对甲口没有愈合的上下新生组织表皮用刀各切去一薄层，露出新茬，用10～15毫克/千克的赤霉素液或20～30毫克/千克的萘乙酸液和泥将甲口抹平，再用塑料膜包扎好，保持湿度，一般1个月左右甲口就可愈合好。如果是因灰暗斑螟为害而影响甲口愈合的树，应用尖刀先清除灰暗斑螟为害的坏死部分，再将愈合组织切去一薄层露出新茬，用10～15毫克/千克的赤霉素液或20～30毫克/千克的萘乙酸液加入20%的毒死蜱200倍液和泥将甲口抹平，再用塑料膜包扎好即可。

（2）如甲口过宽采取上述措施仍不能完全愈合的树应进行桥接。桥接时间在4月中旬至8月上旬，此时树液流动，嫁接成活率高。桥接方法：将树干基部萌生的根蘖苗或甲口下部萌生的枣头保护好，当小苗长到粗0.5厘米以上、高度超过甲口时采用插皮接的方法。将小苗在高于甲口2～3厘米处短截，去掉小苗上的枝叶，将小苗靠树干一侧削成楔形长斜面，对侧头削成短斜面，然后将甲口上部的树皮撬开一条细缝，将小苗长斜面从木质部和韧皮部之间插入，露出2～3毫米削面，然后用塑料膜缠绕绑紧以固定。桥接完成，20天就可愈合。桥接数量根据小苗的多少而定，多接对树的生长有益，一般接3～4株较好，大树还应多接。如树下无根蘖苗或萌生的枣头，可采取双头桥接方法，即选用一年生直径0.5～0.8厘米枣头作接穗，长度要超过上下接口长度10厘米左右，随用随采。桥接部位应在甲口上下各10～15厘米处，桥接部位确定后，用刀将枣树老皮刮去，露出粉红色的韧皮部，但不能露出木质部，形成一个20～30厘米宽的桥接环形部位，然后沿环形圈上下在桥接接穗的部位横切一刀深达木质部的横切口，上切口向上，下切口向下，在切口中间切一纵口呈“T”字形。接穗上的二次枝疏去，上下各削成长5.5厘米双斜面，用竹签将“T”字口处树皮撬一细缝，将接穗从上下的“T”字口插入，并露出斜面2～3毫米，然后可用小钉固定，再接其他接穗，当全树桥接完成后，用1～2毫克/千克细胞激动素或20毫克/千克萘乙酸液浸卫生棉纸，包扎上下接口处，然后再用塑料薄膜包裹用以保湿，一般在20～30天即可愈合。当接穗与枣树愈合后可用刀将包裹的塑料膜割开，随着接穗的生长，包扎材料会自然脱落。

076 冬枣花期使用的植物调节剂和微量元素的使用浓度与时期各是什么？

表3　植物调节剂和微量元素的使用浓度与时期

调节剂及微量元素	赤霉素（GA）	吲哚乙酸（IAA）	吲哚丁酸（IBA）	0.04%芸苔素内酯	硼酸	稀土
使用浓度	10～30/（mg/kg）	10～50/（mg/kg）	10～50/（mg/kg）	8000～10000倍	0.1%～0.3%	300/（mg/kg）
使用时期	初花期—盛花期	盛花期—盛花末期	盛花期—盛花末期	初花期—盛花期	初花期—盛花期	初花期—盛花期

077 冬枣花期能否喷洒农药？

冬枣的花属于完全花，盛花期喷洒农药，会影响花粉的活力，对坐果不利，因此，冬枣花期一般不提倡使用农药。但是，冬枣设施栽培以后，花期蓟马、灰霉病等发生的频率比较高，当病虫害影响到产量的时候，就必须用药，但注意不要随意加大用药浓度。

078　如何对冬枣进行疏花疏果？

通过保花保果措施，为冬枣的丰产奠定了基础，但坐果过多，超过树体的负载能力，不仅影响冬枣的果实品质，而且影响翌年的树体生长。因此，进行合理的疏果十分必要，以下为疏果时间和留果方法。

（1）疏果时间　果实长至黄豆粒至花生粒大小时进行疏果。

（2）留果方法　疏除畸形果、病虫果，保留3～7叶中间部枣果，要求同一枣吊上枣果大小均匀一致。强旺树每1个枣吊留2～3个果，中庸树每1个枣吊留1～2个果，弱树每2个枣吊留1个果或不留。

第六部分

设施内环境生态条件的调控

PART 6

设施栽培是在一个地区自然生态条件下，人为地创造一种新的适合冬枣生长发育的环境条件，促进冬枣提早发芽、生长和开花、结果。因此，设施内环境既受当地自然条件影响，也受人为调节的控制，而且人为调控的状况直接决定着设施中冬枣的生长结果状况。如何更有效地进行人工调控，如何更充分地利用自然条件的积极因素以及如何防止一些不利因素，这就成为设施栽培中一项十分重要的工作。它直接影响着冬枣的生长和结果，关系到设施栽培效益的高低，因此设施内环境条件的调控就成为冬枣设施栽培中一项重要的工作。

079 设施内环境生态条件调控主要包括哪些内容？

设施内环境生态条件调控主要包括：设施内温度调控、设施内湿度调控、设施内光照调控和设施内气体成分的调节等工作，其中每项工作都对设施冬枣的生长和结果有着重要的影响。

080 什么是需冷量？需冷量对冬枣设施栽培有什么重要意义？

需冷量是冬枣在完成休眠时所必需的≤7.2℃的总时间，常用小时数来表示。冬枣属于落叶果树，在自然条件下形成低温休眠的特性。一般认为，枣吊脱落后冬枣植株即进入休眠状态，休眠一直持续到第二年春季萌芽前。这一休眠阶段又可分为自然和被迫休眠两个阶段，通过自然休眠期后，冬枣植株还需要360小时的需冷量，方可全部完成正常休眠。如果低温不足，冬枣正常休眠就不能顺利通过，就会形成温室内冬枣发芽不整齐、花蕾发育不完全、开花结果不正常，进而直接影响产量和品质。

在当地，低于7.2℃以下的平均温度一般自11月中旬开始至翌年3月中下旬为止，持续时间150天左右，自然低于7.2℃总时间远远超过冬枣通过自然休眠所需低温时数，因此在当地露地栽培冬枣根本不存在低温需冷量不足的问题。但在设施栽培中，随着扣膜、加盖草帘和加温，温度低于7.2℃的时间常常不能满足。这种情况就容易发生冬枣植株需冷量不足，导致萌芽不整齐，甚至花蕾发育不良的情况。在这种情况下就必须弥补温度和需冷量的不足，才能使设施冬枣正常生长和开花结果。

081 如何调控设施内的温度？

目前日光温室和大棚升温的主要方法是通过增加日照时数、利用太阳辐射能量给设施内升温，提高设施内的气温和地温。经济条件好的地区，可利用暖气设备进行加温，这样既安全又容易控制。设施中温度过高时应进行放风降温，使设施内的温度适宜冬枣生长、开花和结果。而要做到使温度在设施内分布均匀，就必须设计和建造合理的温室高度、跨度和长度。温室过高、过长，室内温度分布则不均匀；在温室中一般是靠近前棚面1米范围内温度较低，而靠温室内部温度高；温室跨度越大，前棚面主要受光面和次要受光面温度差异也越大；温室越长，温室两头温度与中间温度差异越大，因此，一定要合理设计温室结构。

082 为什么有的日光温室昼夜温差较大？

当前出现这一问题的主要原因有两个。

（1）温室结构性能不良　温室墙体厚度不够，温室晚上散热速度较快。

（2）保温设备差　设施内夜间温度80%是从前棚面散失的，如果前棚面保温措施到位，温度散失就少，否则，温度难以维持。因此，保温被要厚，盖时要严，无缝隙。温室内可在前沿垂直设置一道防寒膜，预防冷空气对植株的危害。

083 设施中冬枣扣棚至萌芽期温度如何控制？

在温室大棚，冬枣一般从扣棚至萌芽需要35～45天。白天温度控制在25～32℃，晚间控制在8～12℃，这样萌芽整齐。温度过高会导致冬枣萌芽过快、萌芽不整齐以及枣吊花蕾不健壮等问题的发生，进而影响冬枣的健康生长。

084 设施中冬枣萌芽至花期的温度如何控制？

白天温度控制在25～30℃，晚间控制在10～15℃，这样冬枣萌芽整齐。温度过高，促进了其极性生长，使顶端优势明显。同时由于冬枣生长太快，节间变长，枝条细弱，叶片变大，花蕾弱、数量少，同时还有黄化落蕾现象的发生。

085 设施中冬枣花期的温度如何控制？

冬枣开花期白天要求的最适温度是25～28℃，晚上维持在12～15℃最佳。为了控制温度，白天对天气要有预判性，若天气晴朗高温，需及早通风降温。夜温根据第二天的最低温度、调整放棚时间和晚间通风口大小的预留来调节。

086 设施中冬枣果实发育期至成熟期的温度如何控制？

冬枣果实生长期这一阶段是冬枣果实和叶片、枝条同步生长阶段。为了保证叶片、果实的健壮生长，白天温度应控制在28～30℃，夜间温度应控制在16～20℃之间。这一阶段室外气温逐日升高，且变化剧烈，要注意根据外界天气变化随时进行盖膜或通风，防止外界天气突然变化影响设施内果实生长，使幼果生长处于较为平稳的温度范围之内。

果实着色成熟期，外界气温升高而且稳定，白天温度控制在28～30℃，夜间应打开通风口降温，使温室内昼夜温差达到15℃。适当增大日温差，能增加果实糖度，促进果实迅速着色。果实采收后，适时将覆盖的棚膜全部揭开，或将棚膜收拢，让冬枣树处于自然常温下生长。

087 冬枣设施栽培水分调控的主要特点是什么？

冬枣设施栽培和露地栽培最大的差异在设施内的土壤水分全靠人工灌溉，外界降雨对设施内土壤水分的影响不大，而设施内空气湿度的高低主要取决于土壤水分的蒸发和冬枣叶片的蒸腾及设施的结构和管理情况。可以说，人为因素决定着设施内的水分状况。

088 设施内湿度过大时对冬枣生长有什么影响？

由于设施内较为密闭，所以设施内空气湿度过大是常常出现的问题。湿度过大会在设施内形成水雾，水雾又会附着在棚膜上，进而影响室内光照。在冬枣的萌芽期湿度过大，容易促进枝条顶芽先萌发而影响其他芽眼的萌发。冬枣开花期湿度过大，遇到低温时，易引发灰霉病。冬枣果实成熟期湿度过大，会降低果实含糖量，影响果实着色并引发裂果，诱发青苔等病虫害的流行。

089 不同生长阶段对设施内空气湿度的要求有什么不同？

冬枣的不同生长阶段不仅对温度的要求不一样，对水分和湿度的要求也不一样。实际生产中，在冬枣萌芽期，设施内空气湿度一般为60%～70%，不能过分干旱。冬枣开花期的空气相对湿度应该控制在60%～65%，幼果生长期设施内的空气湿度应维持在50%～60%，着色成熟期要注意降低空气湿度，一般应控制在50%以下。

090 如何调节设施中的土壤水分和空气湿度？

设施中的土壤水分和空气湿度主要是靠灌水和通风来调节。设施中一年一般灌3～4次水。第一次灌水时间在11月上旬，正值温室扣膜前、冬枣修剪后，这次可灌一次大水，灌溉后直至冬枣发芽前不再进行灌水，主要靠地膜保持土壤中的水分。第二次灌水时间在冬枣的花期，小水渗灌，不仅能提高棚内空间湿度，还有助于授粉。第三次灌水在冬枣长到黄豆粒大小时进行，主要是为了促进幼果迅速膨大。以后根据土壤墒情和植株生长情况再补充灌水一次，此后至冬枣采收基本不再灌水。第四次灌水在果实采收后，这时，温室已经揭膜，室外已进入高温阶段，再灌一次透水，不仅促进根系对养分的吸收，补充树体内养分的消耗，还可降低土壤中的盐分含量，防止土壤盐碱化。

降低设施内空气湿度主要靠通风，湿度大时要及时打开通风口，通过空气流通使水分散失，降低设施内空气的湿度。

091　为什么要增加设施冬枣栽培中的光照？

冬枣是最喜光的树种，光照状况直接影响其生长。生长期光照不足，会造成叶片同化产物减少，冬枣植株得不到应有的养分供应，则会影响花芽分化。花期前后光照不足，会严重影响花蕾的分化，出现蕾小、蕾黄、蕾脱落的现象。枣果膨大期光照不足，会出现果实发育迟缓，容易发生病害等情况。果实着色到成熟期，需要大量的光，光照不好，光合作用减弱，会使果实含糖量降低，果实着色也会受到很大影响。

092 影响设施中光照的主要因素是什么？

设施内的光照状况，除受自然地理位置、变化着的太阳位置和外界气象因素的影响外，也受设施本身的结构和管理技术的影响。一个地区日照时数主要受当地的纬度、所处的季节和地理及天气情况的影响，而设施内的光质、光量状况主要受覆膜种类和设施结构的影响。设施内光照强度和光照分布是随着太阳位置的变化和温室结构的影响而变化，生产上对设施内光照条件的要求是能最大限度地透过光线，使受光面积达到最大值，受光时间最长和使温室内光照分布均匀。而要达到上述要求，首先要考虑温室的设计和结构，尤其是棚面角度和覆盖物的选择。

093 设施覆盖薄膜对光照有什么影响？

设施覆盖薄膜对设施内光照状况有很大的影响。当前温室和大棚的覆盖材料主要是塑料薄膜。农膜具有很好的透光性，尤其是蓝色无滴膜透光性能更好，生产上应用较为广泛。但是，塑料膜受静电吸附等原因的影响，容易受烟、尘污染，尤其是PVC膜更为严重，尘土在塑料膜上黏结过多就会影响光线的透入，所以在生产中除了要仔细选用质量高的薄膜种类以外，还要经常用抹布、毯子等工具及时清除膜面尘土，保持棚膜的清洁、透亮。

094 增加设施内光照还有什么其他措施？

为改善设施内的光照状况，提高光合效率，除改进设施结构、合理选用覆盖薄膜外，生产上还常采用以下方法：

（1）铺设银灰色反光膜　反光膜也称聚酯镀铝膜、镜面膜，是将0.03～0.04毫米厚的聚酯膜进行真空镀铝，形成的反光镜面膜。其幅宽有0.5米、1.0米等各种规格，使用时在温室内向着太阳光的透射方向铺设，如在行间内、树下或北、东、西三面墙面上铺设银灰色反光塑料膜，将照射到膜上的太阳光反射到冬枣植株上，来增加冬枣植株的受光量。反光膜也可以就地取材，收集各种有反光作用的锡箔纸、镀铝膜等，并缝结成宽1米左右的锡箔纸反光膜带，铺设在温室内的弱光区，也能起到增加光照的作用。

（2）喷施光合促进剂　在整个冬枣生长季节，每隔20天喷洒一次400倍光合促进剂，能有效促进叶片对光线的吸收，增强光合作用。

（3）墙体、支柱涂白　在温室后墙、侧墙及支柱进行涂白，也能增强反光效果，增加温室内的散射光强度，明显改善树冠下方和树冠内的光照状况，起到增光、增温、提高叶片光合效率的作用。

（4）设施中采用补光灯　除上述方法之外，还可使用LED补光灯，搭配高瓦数的白炽灯，起到补光增温的效果。

095 为什么阴雨低温天气也要适当揭开棉被补充光照?

早春常遇连阴天气，生产上往往为了保温而不揭设施上的棉被，但长时间缺乏光照会给植株的光合与生长造成很大影响。因此即使在阴天，也要选择一定时间卷起草帘，使植株得到光照，群众称为“宁可舍温，不可舍光”。这一点必须引起栽培者的高度注意。

096 为什么要对设施内进行气体成分调节？其主要工作内容是什么?

设施栽培使得冬枣在一个较为密闭的空间内进行生长和结果，随着设施内冬枣植株的呼吸和光合以及设施内土壤微生物的活动、农药的使用、薄膜化学成分的扩散等原因，设施内气体成分随时都在改变。由于棚膜的密闭作用，会造成某些气体成分如二氧化碳的缺乏，或者造成某些有害气体成分的累积，甚至对冬枣生长造成影响和毒害。因此，及时调节设施内的气体成分是设施栽培中一项特有而且十分重要的工作和任务。设施内气体调节的主要工作是补充二氧化碳和防止各种有害气体在设施内的积累。

097 设施内二氧化碳来源及日变化规律与露地有什么不同?

二氧化碳是绿色植物光合作用的主要原料。在露地栽培中，二氧化碳来源于大气，浓度一般是330毫克/升左右。

设施栽培是一个较为密闭的空间，正常情况下，设施中二氧化碳的来源主要有三种：一是通过通风换气带来的大气中的二氧化碳；二是温室中冬枣和土壤微生物呼吸释放的二氧化碳；三是土壤中有机物分解产生的二氧化碳。

设施中二氧化碳的消耗有两条途径：一是冬枣及间作物进行光合作用时二氧化碳参与了同化过程；二是当温室通风换气时，一部分二氧化碳会逸散到室外。

日光温室是一个较为密闭的环境，夜间，由于植株呼吸产生二氧化碳并形成聚集，从而使清晨揭草帘前二氧化碳浓度达到最高。随着揭开草帘后植株光合作用的增强，二氧化碳含量会明显降低。因此，温室中增施二氧化碳对弥补温室内二氧化碳的不足和提高冬枣品质和产量有着显著的作用。

098　设施中最适合的二氧化碳浓度是多少？

设施中最适合的二氧化碳浓度应根据植株品种、设施内环境状况等条件具体而定。研究结果和生产实践证明，在正常的光照和生长情况下，将设施内的二氧化碳浓度提高到室外浓度的3～5倍，即1000～1500毫克/升，对冬枣的光合作用是有利的。但应注意，在阴天低温时，二氧化碳补充到500～600毫克/升即可，不可过高，超过限度反而会导致二氧化碳中毒等不良影响的发生。

099 生产中增加设施中二氧化碳的方法有哪些？

增加设施中二氧化碳的方法常用的有两种：

（1）增施有机肥　有机肥在分解过程中要放出大量的二氧化碳。据测定，作物秸秆堆肥施入土壤5～6天后，就开始大量释放二氧化碳，开始释放量为3克/（米^2·小时），6～7天后开始下降，第20天还保持在1克/（米^2·小时）的水平。如果在1平方米土地上施用秸秆堆肥4.5千克，折合每亩3000千克，则可以在1个月内使温室内二氧化碳浓度达到600～800毫克/升。可见，要增加日光温室的二氧化碳补给，必须立足于增施有机肥。

（2）施用二氧化碳气肥　二氧化碳固体气肥是采用工业微生物发酵技术制作的一种颗粒状菌肥，施入土壤后，经过微生物活动，可产生出较多的二氧化碳气体，它无毒无害，应用安全可靠。其使用方法是在设施冬枣堆蕾期和幼果期分别各施用一次，每次每亩施用量为7千克，施用中每平方米用一粒约10克重的扁圆颗粒状的固体气肥，穴深约3厘米，施后盖少量土，施用后2～3天即可产生二氧化碳气体，并可维持约一个月，施用固体气肥后，设施内二氧化碳浓度可达1000毫克/升。

使用固体二氧化碳气肥是一种安全、方便、可靠的好方法。

100 人工补充二氧化碳时应注意哪些问题？

人工补充二氧化碳时应注意以下几点：

（1）补充时期　设施冬枣补充二氧化碳主要在堆蕾期和幼果膨大期，应连续施用30～40天，保持设施中二氧化碳有较高浓度。

（2）根据天气调整二氧化碳气肥浓度　晴天设定浓度要高些，为1000～1500毫克/升；阴天要低些，为500～800毫克/升。低温寡照时期一般不用，以免发生副作用。

（3）二氧化碳气肥施用应与其他措施配套　施用二氧化碳气肥时，白天室温应当提高2～3℃，夜间温度适当降低1～2℃，以防植株徒长，并适当灌水，提高空气湿度，以利于增强植株光合作用，同时要增施磷钾肥。

（4）施用二氧化碳气肥不要突然停药　若计划终止施用二氧化碳气肥时，应提前开始逐日减少施用浓度，缓慢停止，不能突然停药，否则出现早衰现象。

101 设施中如何防止有害气体对冬枣的危害？

温室内因使用各种肥料、农药、不同原料制成的塑料薄膜以及人类的生产活动等因素，都会产生一些有害气体，如二氧化硫、亚硝酸气体、一氧化碳、氨、苯、氯气等，这些都会影响冬枣的生长和结果。尤其是设施内施用尿素和未腐熟的有机肥时，在密闭的环境下会产生氨和亚硝酸气体。一般温室内氨的浓度超过4毫克/升，亚硝酸气体浓度含量超过2微升/升，一氧化碳和二氧化硫气体浓度超过1毫克/升，乙烯浓度超过0.1毫克/升时就会给植株造成危害，严重的会造成植株死亡。保持设施内的气体清新，防止有害气体对植株的危害，除经常通风换气外，还要特别注意以下几点：

①少施化学肥，不用未腐熟的有机肥，防止肥料在分解中释放有害气体。

②减少使用农药，以减少有害气体的污染。

③合理选用薄膜，不用容易分解产生氯气、苯、二氧化硫等有害气体的塑料薄膜。

第七部分

设施冬枣栽培周年管理技术

PART 7

设施栽培年生长周期中每个阶段开始的时间和露地栽培截然不同，露地栽培年周期管理基本上和自然条件下气候季节交替相联系，而设施栽培是和人为的调节相关联，正因如此，设施栽培采用的管理措施常随着地理位置、栽培品种、栽培目的、设施种类、管理技术等的差异而有所不同，有时甚至差异很大。但从总体上看，冬枣设施栽培基本上可以分为扣棚前管理、扣棚至萌芽期管理、萌芽至开花前管理、花期管理、果实生长期管理、成熟期管理及采后管理几个阶段。每个管理阶段中对设施内环境和树体、土壤管理都有不同的要求。只有掌握不同管理阶段的特殊要求，才能合理采用相应的管理技术措施。

102 扣棚前的主要管理工作有哪些？

扣棚前是指冬枣采摘后到扣棚前这一阶段。这一阶段工作的主要目的是保证植株生长健壮，使冬枣枝条生长充实、花芽分化良好，为来年生长结果奠定良好的基础。

这一段时间的管理是在设施揭棚后，露地状况下进行的。主要管理工作内容如下：

（1）病虫害防治　防治病虫害、保证叶片生长良好是这一阶段的主要工作。尤其对已经结果的植株，采收后到重新覆膜前这一阶段往往容易忽视管理，导致锈病、叶斑病、夜蛾类害虫对枣树危害严重。冬枣病虫害防重于治，用药上要注意交叉用药，防止病菌及害虫对农药产生抗性，常用70%甲基托布津800～1000倍或25%吡唑醚菌酯1000倍交替喷施。对有夜蛾类危害的果园，可用甜菜夜蛾核型多角体病毒1000～1500倍或甲维盐1500倍进行防治。

（2）早施基肥　设施冬枣一定要早施基肥，以利于采后树势恢复和根系吸收。施肥一般应在9月下旬至10月下旬间进行，在此期间越早越好。基肥以腐熟的有机肥为主，每亩3～5立方米，配合施入50～100千克三元素复合肥，5～10千克中微量元素肥。施肥方法以沟施为主，在树行一边距树干30～40厘米处挖深40～50厘米的沟，宽度依据有机肥量大小而定，施后立即盖土平沟，并结合实际情况进行灌溉。

（3）整形修剪　设施冬枣整形修剪在11月上旬至设施棚体覆膜前进行。若覆膜后再进行，不但不容易修剪，而且容易划伤棚膜。

由于设施空间相对较小，冬枣修剪时留枝量应适当减小，以防叶幕郁闭，影响光合效率。

（4）灌溉　每年修剪完后、扣棚以前要灌一次透水，类似露地的冬灌。这次灌水不仅对维持温室内的低温、促进冬枣正常休眠有良好作用，而且能充分淋洗土壤中的盐分，防止土壤的次生盐碱化。这充分显示出冬灌的重要性。冬灌之后稍晾几天，就要准备盖棚上膜。

103 休眠期的主要管理工作有哪些？

设施栽培休眠期管理是指扣棚覆膜到萌芽前这一阶段的管理。其主要工作是扣棚覆膜、清园、升温催芽等。

104 如何正确确定扣棚覆膜时间？

（1）温室覆膜时间　一般在冬至前后即可开始扣棚膜，不可过早，避免需冷量不足造成花蕾分化不良现象发生。对于强迫休眠的枣棚，当最低气温下降到7℃以下时，采取白天盖、晚上揭的方法，让棚内温度维持在7.2℃以下，以保证植株充分休眠，用休眠记录仪自动统计0～7.2℃累计温度，需冷量满足后，开始逐渐升温。

（2）春暖式大棚覆膜时间　一般大荔最低气温稳定在-3℃以上时扣棚，即在2月上中旬扣棚。

105 清园工作的重点有哪些？

清园是设施病虫害防治中一项重要的基础性工作，设施内病虫害的初侵染源主要是上一年感染病虫的残枝、病虫叶果、越冬的病虫等。清园工作就是将其收集并烧毁，刮出老翘皮，枣芽萌动期全园喷施广谱性杀虫杀菌剂。将病虫害消灭在萌芽之前，这是一项重要的工作。对于个别上年发生病虫害严重的枣园，要选择针对性强的杀虫杀菌剂，树上树下喷药处理，压低病源、虫源基数，预防病害虫害流行。

106 温室如何升温催芽？

为了保证冬枣植株发芽整齐、枣吊生长健壮，在需冷量满足的基础上，应进行升温催芽。开始升温阶段，温度上升不要过猛。每天揭帘的时间，晴天上午太阳出来半小时后揭帘，下午太阳落山前1小时盖帘。升温催芽不能操之过急。持续高温（≥30℃），芽可以提前萌发，但这时地温一时跟不上来，就容易导致地上部和地下部生长不协调，发芽不整齐，花蕾发育不良，甚至造成以后的花蕾黄化脱落。所以，从揭帘升温的第一周，可以高温管理，白天温度控制在30～35℃，起到高温灭菌的作用。第二周后，白天温度控制在20～25℃，夜间温度不能低于5℃，白天最高温度不能超过25℃；此后逐渐升温，第三周以后，白天温度在25～30℃，夜间温度在10～15℃，直至萌芽。

温室中由于靠近前坡面温度较低，因此靠南边一行枣树一般萌芽较晚，为了使温室内植株间萌芽一致，并防止春寒的影响，在南边一行植株上可顺行挂一行膜，使植株处在塑料小帐幕内，以促进冬枣萌芽整齐并防止冷风冷气的侵袭。

107　发芽前后设施内土壤水分管理应注意哪些问题？

冬枣在发芽前至芽萌动期，若水分供给不充足，则萌芽期延长，发芽率降低或者发芽不整齐。因此在扣棚前灌水后，应及时松土保墒，使棚内空气湿度保持在70%～80%，造成一个良好的温湿度环境，促进枣芽萌发整齐。

108　发芽前后病虫害防治的重点有哪些？

枣芽萌动后，防治对象以绿盲蝽、枣瘿蚊为主，可用0.36%苦参碱400～600倍药液进行防治，保护幼芽不受危害。

109　萌芽至开花前管理的重点工作有哪些？

设施冬枣萌芽至开花一般需40～45天，这一阶段内设施冬枣迅速生长，这时也正值外界冬末春初气候变化较为剧烈阶段，设施内温湿度调控、促蕾壮蕾和病虫害防治是这一阶段的重要工作。

110 萌芽至开花前如何调整设施内的温度和水分？

冬枣萌芽后，植株新梢进入迅速生长时期，为了防止枣吊旺长，花蕾健壮，要注意实行控温管理，也就是萌芽后的设施内温度管理指标要从催芽末期的高水平降下来，白天控制在22～28℃，夜间保持在15℃左右。由于冬枣开花前后也是灰霉病易发生期，所以要严格控制土壤水分和空气湿度，及时通风换气，使空气湿度保持在60%～65%。

111 萌芽至开花前设施中如何进行土肥管理？

土肥管理的目的就是促蕾壮蕾。壮蕾的标志：一是枣吊上1～10片叶腋之间的蕾具有连续性，不间断。二是蕾的形状如“四腿八叉”，由于三级蕾分化的时间不同，分化完后向不同方向伸展，形似农村倒放的四腿凳子。三是蕾的数量，叶腋间三级蕾分化完成后为10～15朵。四是蕾没有黄化现象。

此期要保持土壤疏松，枣吊长至5～7叶时，及时进行土壤追肥，采用滴灌或渗灌的方式进行，每亩施用5～10千克高氮低磷钾的水溶肥，叶面结合喷药，喷施2～3次中微量元素肥。特别注意的是，此期追肥，严禁进行大水漫灌，避免降低地温，造成花蕾黄化脱落。

112 萌芽至开花前树体管理的主要工作有哪些?

萌芽至开花前，枣树营养生长和生殖生长共存，营养竞争激烈，要及时进行抹芽、摘心、掐枣吊，节约营养，促进枣吊正常生长，花蕾健壮饱满。检查剥口，促进未愈合的剥口愈合，保证树体正常生长。

当枣芽长至2～3厘米时，留2个枣吊进行摘心，抹除多余的萌蘖，以及位置不合适的芽，枣吊长至12个叶片时掐尖。以缓和枣吊对营养的争夺，使养分更多地转向花蕾，以保证花蕾分化和开花与坐果对营养的需要。

检查剥口，对愈合不完全的剥口用塑料薄膜包缠；剥口过宽未愈合的，可进行二次创伤，涂抹愈合剂后包缠，促进剥口愈合。

113 开花前病虫害防治工作如何进行?

这一阶段植株生长旺盛，组织幼嫩，极易受到病虫的危害，要重点做好灰霉病、细菌性疮痂病的防治。同时这一阶段要做好绿盲蝽、枣瘿蚊、蓟马、红蜘蛛等害虫的防治。花前这一阶段是每年生长季节中病虫害防治的关键时期，一定要认真对待，做好病虫害防治工作。

114 花期管理工作的重点有哪些？

冬枣花期有一个月之久，花期管理工作重点是在控制好设施内温湿度环境的基础上，做好环剥（环割）及剥口检查等树体管理工作，适时保花保果，提高坐果率。

115 开花期如何管理设施内的温湿度？

冬枣在开花期间对温、湿度要求很严格，需要在比较高的温度、合理的湿度环境条件下，授粉受精过程才能顺利进行。温度低于25℃只开花，花盘没有分泌物，不能完成授粉过程，授粉不良；温度过高，高于35℃，湿度过小，小于50%，容易焦花，造成大量落花。实践证明，冬枣花期白天适宜温度25～30℃，夜间适宜温度12～15℃，棚内湿度60%～70%时，可以保证授粉、受精过程顺利进行。

116 花期可以灌水来提高设施内的湿度吗？

花期可以通过渗灌或喷水的方式提高棚内的湿度。坚决杜绝以大水漫灌的方式提高棚内湿度。大水漫灌有三个弊端：

（1）明显降低地温，影响根系对养分的吸收，会明显出现落花落蕾现象。

（2）棚内湿度过大，影响花粉的裂散传粉。

（3）高温高湿容易诱发细菌性疮痂病等相关的病害发生。

因此，花期不提倡用大水漫灌来提高棚内的湿度。

117 冬枣果实发育期管理的主要工作有哪些？

此期从落花后幼果开始生长到成熟前为止，需要90～120天。按照果实发育生理划分，果实生长期可分为三个阶段：前期落花后开始的幼果迅速生长期为35～40天；中期为果实增大相对缓慢的硬核期为30～35天；后期为第二次快速生长期大约为30天。在冬枣果实发育整个过程中，不仅果实生长发育、枝叶迅速生长，而且根系也在旺盛生长，整个树体对营养需求十分迫切，同时设施内气温、地温也在不断上升，因此综合管理十分重要。在幼果生长期这一阶段的主要工作是合理调控温室内的环境，改善通风透光条件，加强树体营养供给，做好病虫害综合防治，促进果实健壮生长。

118 果实生长期如何管理设施内的温湿度？

冬枣花期过后，即进入生理落果期，随后幼果进入迅速膨大生长期。为了促进幼果生长的正常进行，设施内白天温度应保持在25～30℃之间，夜间温度可保持在16～20℃之间，注意白天温度最高不能超过35℃，一般白天当温室中气温达28℃时，应及时进行放风，同时这一阶段设施内空气湿度应保持在60%～70%之间。

果实生长期的前期（即幼果迅速膨大生长期），是树体生长发育阶段中需水量最大的一个时期，此时适时灌水，不仅对促进幼果迅速膨大生长、枝叶生长健壮有重要的作用，而且对提高根系的活力、促进吸收、提高肥效等都有显著的作用。此期设施中要依据墒情灌水2～3次，每次灌水时可结合进行冲肥，而进入硬核期要谨慎地少量给水，适当控制土壤水分。

119 幼果生长期主要追施什么肥料？

幼果生长迅速期，需要大量的营养，这时要及时追肥，更要重视磷肥、钾肥和钙肥的施入。磷肥在花后和硬核期分批施入，每次施用量（纯量）约为1.5千克/亩；钾肥可在硬核期前后施入，每次施用量（纯量）为2.5～3.0千克/亩。施肥方法可用沟状施入法，施后覆土灌水。钙肥对果实发育和预防日烧及苦痘病有十分重要的作用，在幼果期要通过根外喷施氨基酸钙、硝酸钙的办法追施钙肥。

120 冬枣根外追肥的种类有哪些？

为了便于植株尽快吸收营养，幼果生长期可用根外追肥的方法追施磷钾肥或其他微量元素肥料，常用的是0.3%磷酸二氢钾溶液，每隔7～10天喷施1次，根外追肥可以与喷药结合进行（见表4）。

表4　冬枣根处追肥常用肥料种类及浓度

肥料种类	喷施浓度/%	备 注
尿素	0.3～0.5	生长前期及采收后
磷酸二氢钾	0.3～0.5	幼果生长期、着色期
硫酸锌	0.1～0.3	花前使用
硫酸亚铁	0.1～0.3	生长前期防黄花
硼砂、硼酸	0.3	初花、盛花期
硝酸钙、醋酸钙	1～1.5	幼果期、着色期
稀土微肥	0.01～0.05	幼果生长期、着色期

121 如何进行疏果？

冬枣经过保花保果后，长至黄豆粒大小即可开始疏果，疏果时间越早越好。具体方法是疏掉发育不良的小果、畸形果、病虫果。留枣部位应在3～7叶最好，正常情况下，一个枣吊留2个果实，果实要选留大小均匀一致的，有利于成熟期整齐一致。

122 幼果生长期如何防治病虫害？

幼果生长这一阶段，设施内温湿度较高，植株生长旺盛，枝叶茂密，防治病虫十分重要。此期容易发生冬枣炭疽病等，要注意及早防治。如有炭疽病发生，在发病初期每隔

15～20天喷1次杀菌药剂，共喷2～3次，杀菌药剂可用450克/升咪鲜胺水乳剂、40%苯醚甲环唑·嘧菌酯悬浮剂等。如有叶斑病发生，在发病初期喷布1～2次杀菌药，每次间隔10～15天，杀菌药可用430克/升戊唑醇悬浮剂、40%氟硅唑乳油等。在枣瘿蚊、红蜘蛛等虫害时，可喷内吸性杀虫剂，如70%吡虫啉水分散粒剂、25%噻虫嗪水分散粒剂、34%螺螨酯悬浮剂、43%联苯肼脂悬浮剂等。

123 设施冬枣成熟期管理的重点工作有哪些？

此期自冬枣白熟期至采摘。冬枣开始由绿转白是果实第二个生长高峰时期，此期果实生长再次加快，果实内淀粉开始转化成糖分，随着糖分的增加，果皮开始变色，表现出本品种所固有的特征。此期需要相对的高温和干燥及昼夜温差较大的环境条件，这对提高果实的含糖量、促进果实成熟极为有利。这一时期的管理工作重点是控制好设施内的温湿度，增加光照强度，适当追肥，防治病虫害，减少营养消耗，促进果实着色和成熟。

124 果实成熟期如何管理设施内的温湿度？

进入果实着色期后，设施内白天温度应保持在30℃左右，最高不超过35℃，若超过35℃，则对果皮中色素的生成有明显的阻碍作用，形成着色不良现象，这一阶段夜间需保持15℃左右较低的温度，以增大昼夜温差。此期随着外界气温增高，应注意延长通风时间，夜间可不封闭通风口。冬枣成熟期要严格控制土壤水分和空气湿度，空气湿度保持在60%～65%。湿度过高时增加大通风时间，保持设施中较为干燥的环境。为了增加果实糖分的积累，促进果实成熟，一般要停止灌水。如果此期土壤水分过多或者是变化激烈，易导致裂果，果面出现“鸡屎黄”并伴随褪色现象的发生。近来研究表明，果实成熟期水分不能匮乏，合适的土壤水分供应是冬枣产量和品质形成的重要保证，因此这一阶段既要防止土壤过分潮湿，同时也要防止土壤过分干旱。

125 如何促进果实含糖量的提高和提早成熟？

冬枣中的糖分以葡萄糖、果糖和蔗糖为主，主要由淀粉转化而来。从理论上讲，影响冬枣含糖量的因素有很多，涉及化学和生物学的范畴，不免晦涩难懂。通俗地讲，甜不甜主要与土壤中的养分、光照、温度和水分等因素有关。因此，提高冬枣的含糖量，也主要通过这几个方面采取措施。

（1）合理施肥　肥分对果实糖分的影响很大，特别是生长后期，氮素会对果实含糖量起到抑制作用，要以控氮为主，磷对糖的影响主要通过制约氮来影响，而钾能直接增加含糖量。因此，合理、科学地施肥就成为提高冬枣含糖量的第一法宝。

首先，土壤中要增施有机肥，提高果园的肥力。除此之外，生长期追肥时，施用腐殖类的有机肥和微肥效果不错，比如生化黄腐酸水溶肥。其次生长前期要多施磷钾肥（尤其是钾肥），这样不仅可提高果实糖分含量，而且对果实着色的效果异常明显。再者通过叶面追肥来提高果实糖度。果实白熟期时喷施微量元素和多元素的稀土液，都能够使果实含糖量增加。

（2）保证充足的光照　光照直接决定果实含糖量的高低，尤其在果实成熟期，日照少，含糖量就低。所以，要充分保证果树通风透光，不能过于稠密。

（3）合理控水　白熟期后，适度的干旱有利于果实的糖分积累，促进果实提早成熟，但不能过度干旱。

（4）环割环剥　环割、环剥能够控制营养生长，促进营养的累积和糖分的转换。

126　冬枣成熟期树体管理和病虫害防治的主要工作有哪些?

冬枣成熟期树体管理的主要工作是检查剥口，控制剥口不愈合，保证叶片微卷。防止剥口愈合后，营养生长旺盛，果实营养积累不足而推迟成熟。

在病虫害防治方面，果实成熟期主要是防治炭疽病、轮纹病、黑腐病和食果害虫蜗牛等病虫害。果实成熟期除使用安全性能较好的叶面肥外，在采收前30天开始，就要杜绝施用任何剧毒或残效期长的农药。

127 设施冬枣采收时要注意什么问题？

设施冬枣在进入脆熟期后要及时进行采收，采收时要细致小心，轻拿轻放，并对果实进行分级和包装。设施冬枣采收时要注意两点：一是要适时采收，不能赶价格摘青上市，以免影响冬枣质量，但也不能太晚，否则会导致品质下降。二是采收后要及时包装销售，由于冬枣是鲜食品种，耐贮藏性较差，应随时采收及时运销，长途外运时要进行预冷处理。

128 设施冬枣采后管理主要包括哪些工作？

温室冬枣采后一般已经揭膜，植株处于露天之下，由于冬枣植株长期处于设施之中，枝叶相对较为薄嫩，这时转换为露天生长，在植株体内有一个转换适应过程，另外这时露地正值高温生长期，因此防治病虫害、促进植株健壮生长、枝叶正常老熟是这一阶段的主要工作。

（1）防治病虫害　重点防治红蜘蛛、锈壁虱、枣蛆等虫害和锈病等，保护叶片，以免造成叶片早期脱落。

（2）叶面喷施复合肥、早施基肥　冬枣采收后，叶片还有一个新的光合高峰期，及时喷施叶面肥，能增强树体的光合机能，提高树体越冬时的抗逆能力，常用的叶面肥为0.3%磷酸二氢钾和0.5%尿素混合喷施，每7～10天喷施1次，喷2～3次即可，同时根外追肥可结合喷药防治病虫害一同进行。

129 如何解决每年部分枣园出现的蕾小、蕾少、断蕾、脱落现象？

蕾小、蕾少、断蕾、脱落现象的发生和以下因素有关：

（1）树体的营养积累不够　枣树进入成蕾期，营养竞争比较激烈，而且主要靠的是上年树体的贮藏营养，倘若上年的结果量大、叶片提前脱落、没有施基肥等，都会影响树体营养的积累。

（2）设施内温度控制不合理　成蕾期夜温过高（>16℃），营养生长旺盛，枣吊徒长，成蕾较少；夜温过低（<5℃），花蕾分化不好，出现僵蕾现象。升温阶段至萌芽阶段，白天温度过高（>35℃）则萌芽早，地温没起来（20厘米地温<15℃），则上下生长不协调，出现断蕾、黄化脱落现象。

（3）病虫危害　冬枣蕾期至花期受绿盲蝽、蓟马等为害后，出现蕾黄化脱落。

（4）其他因素　比如萌芽期，深度土壤耕作，伤及大根，树体营养供应不足，发生蕾小、蕾少现象。上年剥口未愈合或愈合不好的，对树体营养积累影响很大，也会发生此现象。

预防措施：冬枣采摘完后，要喷一次广谱性杀虫杀菌剂保护好叶片，按照施基肥的要求及时施基肥，促进树体营养积累充足；参照前边不同物候期设施内环境控制的要求，做好温湿度控制，促进树体健康生长；做好蕾期至花期的病虫害防治以及合理的土壤管理措施，保证花蕾正常分化。

第八部分

设施冬枣采收、贮藏与包装

PART 8

设施冬枣栽培是高效益栽培，而高效益栽培的关键是要有高质量的冬枣产品，由于设施冬枣属于反季节高档果品，对产品质量、包装、上市时间都有明显高于露地冬枣的要求，只有严格地进行采收和包装，才能真正实现产品的高质量和设施栽植的高效益。因此，高标准的采收、保鲜及包装是设施栽培中不可忽视的重要技术环节。

130 如何确定冬枣的成熟期?

设施冬枣必须在果实风味达到最佳时进行采收，正确判断冬枣的成熟与否十分重要，冬枣的成熟期可分为白熟期、脆熟期及完熟期。

（1）白熟期　果实膨大至基本定型，显现冬枣的固有形状，果皮细胞中的叶绿素消减褪色，由绿变白至乳白色，果实肉质较疏松，汁液较少，甜味淡，果皮白色有光泽。

（2）脆熟期　白熟期以后，果实向阳面逐渐出现红晕，果皮自梗洼、果肩开始着色，由点红、片红直至全红。此时果实内的淀粉开始转化，有机酸下降，含糖量增加，果肉质地由疏松变酥脆，果汁增多，果肉呈绿色或乳白色，食之浓甜略有酸味，酥脆清香爽口，果肉细腻无渣，口感极佳，充分体现出冬枣特有的风味，此时为最佳食用期，也是冬枣的最适采摘期。冬枣的脆熟期分为片红期和全红期。片红期是冬枣果实着色面积达到5%～25%，此时适宜贮藏和远距离运输调运冬枣，是冬枣主要的采摘时期。果实着色面积达到25%至果面全红，为全红期，此期适宜随采随食用，或采后当天能进入市场的地方作为采收期，此期冬枣虽然口感优于半红期，但货架期短，不宜作为大量冬枣的采摘期。

（3）完熟期　脆熟期之后果实进一步成熟进入完熟期，此期冬枣果皮色泽进一步加深，养分继续积累，含糖量增加，水分含量和维生素C含量下降，果肉开始变软，果皮出现皱褶，此时的冬枣已失去鲜食枣的商品价值。

131 冬枣采摘时应注意什么？

（1）采收准备　设施冬枣采摘期较长，要及时准备好采收所需要的人力与设备。采收工具主要是采收桶和周转果筐。装枣的筐或者桶应该选浅点为好，四周要柔软且清洁有干燥的垫层，这样可以减少果实损伤。

（2）分批采摘　一棵冬枣树上面的冬枣成熟有先后，在采摘的时候要挑选成熟好的先采摘，采收宜在上午9时以前或下午6时以后，采收人员应剪短指甲，戴软质手套；采摘顺序为先外后内、先下后上，避免采果造成机械损伤；采摘时保留果柄，轻拿轻放，不损伤果皮。

（3）采收时间　设施冬枣采收应在设施内无露水、温度较低时进行，有露水时采摘，果面容易受损造成“花脸”，高温时采摘，枣易发软，影响果品质量。

132 冬枣果实如何分级？

商品鲜果分为特级、一级、二级、三级（见表5）。

表5　大荔冬枣商品鲜果分级标准

项目	等级			
	特级	一级	二级	三级
果实色泽及着色面积	果皮黄白色，带点红或片红，着色面积10%～20%。		果皮黄白色，带点红或片红，着色面积20%～30%。	果皮黄白色，带点红或片红，着色面积小于10%或大于30%。
单果重M/g	18＜M≤22	14≤M≤18	22＜M≤30	M＜14或M＞30
可溶性固形物/%	≥22		≥22	≥22

133 冬枣如何简易保鲜贮藏？

冬枣保鲜贮藏分常温贮藏和低温贮藏。

（1）常温贮藏　冬枣在阴凉通风干燥处，常温下可贮存7～10天；

（2）低温贮藏　分为预冷和贮藏两个环节，冬枣果实采收后，12小时内进行预冷，预冷期间保持温度4～5℃，24小时内温度降到0℃，每次入库量控制在库容量的20%。冷库温度控制在0～2℃，安全温差±1℃，相对空间湿度控制在90%～95%。气体浓度：氧气8%～12%，二氧化碳低于0.5%。

134 冬枣怎样进行商品包装？

设施冬枣商品价值高，一定要重视商品的包装，通过包装提升商品的外观，提高市场销售效益。美观而实用的包装容器能防止冬枣在运输中受损伤，便于提拿，并能提高果品的商品价值。对于设施条件下生产的高档冬枣，必须注意包装容器的质量和外观。目前包装冬枣多用泡沫箱、吸塑盒、瓦楞纸箱等，这种包装自重轻、耐压、耐撞，生产中应推广采用。为适宜观光旅游的需要，应尽量采用盒式小包装，小包装盒分为0.5千克装、1千克装、1.5千克装几种，包装盒有提手，无毒薄膜袋内衬；也可将小包装盒装入特定的包装箱内封盖外运销售。

第九部分

设施冬枣栽培病虫害防治

PART 9

设施栽培是在人为控制及相对密闭的生态环境下进行的，它与露地栽培的生态环境截然不同。正因如此，设施栽培中病虫害种类和发生的规律与露地栽培有明显的不同。另外，设施栽培是高效农业，它对冬枣产品品质和安全性要求更为严格，所以在设施冬枣病虫害防治方法上也有更加严格的规定。冬枣设施栽培的病虫害防治基本原则：一是一定要根据设施栽培的特点，重点抓好病虫害预防；二是尽量少用农药，坚决不用剧毒和高残留的农药；三是采用综合防治的方法，将设施中冬枣病虫发生和危害的程度降到最低。

135 设施冬枣病虫害发生的特点和规律是什么？

与一般露地栽培相比，设施冬枣栽培中病虫害发生的突出特点如下：

（1）病虫害的类别构成不同　在设施栽培条件下，设施内是一个相对于外界隔离的生态小区域，因此病虫害类群和发生种类就由天然传播类型转变为以水传、土传、人为传播为主的病虫害类型。露地栽培中常见虫害如绿盲蝽等在设施中就相对较少，而设施中高湿度易发的灰霉病，在露地栽培中就相对较少。同时由于设施冬枣受间作物的影响，也常常出现许多以往冬枣尚未报道的新的病虫害种类（见表6）。

表6　冬枣设施栽培与露地栽培主要病虫害对比

设施栽培		露地栽培	
主要病害	主要虫害	主要病害	主要虫害
灰霉病	白粉虱	树皮疱斑病	绿盲蝽
炭疽病	枣瘿蚊	炭疽病	枣瘿蚊
叶枯病	蓟马	轮纹病	枣尺蠖
细菌性疮痂病	康氏粉蚧	缩果病	金龟子
青苔	红、白蜘蛛	锈病	红、白蜘蛛
轮纹病	灰暗斑螟	细菌性疮痂病	枣刺蛾

（2）病虫害的为害期发生变化　由于设施内温、湿度明显高于露地，植株生长相对密集，叶片较为幼嫩，所以设施中冬枣的病害发生往往比较早、比较突然，而且造成的危害也较大，加之设施内生态环境的变化受人为控制，因此病虫害发生

状况也就常与人为的管理措施等因素有一定的相关性。

（3）生理性病害增多　设施的特殊环境常常诱发一些特殊的生理病害，如日灼、有害气体中毒症等，甚至常出现多种病害的复合侵染，给病害的鉴定和防治带来一定的困难。

因此，不同模式的设施栽培，病虫害发生的具体种类和发生规律有所不同，防治病虫害要制定可行的防治方案。尤其在设施内间作蔬菜或其他作物时，还要考虑到可能发生新的病虫害。

136 什么是农业防治以及农业防治的措施有哪些？

（1）农业防治　根据枣树、有害生物、设施环境三者之间的关系，运用一系列农业技术改变设施栽培中的某些条件，使之不利于有害生物的生存发展，而有利于冬枣的生长发育，增强冬枣对有害生物的抵抗能力。

（2）具体措施　保持果园清洁，于春秋两季集中将病叶、烂果、枯枝集中烧毁或深埋，消灭病源、虫源；树体合理修剪，通风透光，使环境变得不利于病虫生存；秋冬季深翻树盘，结合灌水，破坏土壤中越冬虫害的生存环境，加速其死亡；加强肥水管理，健壮树势，提高树体的抗逆性；果园种草，地上利于营造天敌良好的栖息、繁衍和越冬场所，地下提高土壤有机质含量，改善土壤理化性状，促进根系健康生长，保障树体健壮生长，增强树体抗性。

137 什么是物理防治以及物理防治的措施有哪些？

（1）物理防治　物理防治就是根据害虫的特性，利用各种物理因素，使用光、电、气味、机械设备或工具来诱杀、阻隔、窒息杀灭害虫，防治病虫害。这种方法具有简单方便、经济有效、毒副作用少、不污染环境的优点。

（2）具体措施　棚外太阳能杀虫灯，利用害虫的趋光性诱杀害虫；在棚体通风口等地搭建防虫网阻隔害虫；利用棚内温湿度的控制减轻灰霉病的发生概率；树体绑缠诱虫带诱杀越冬害虫；棚内悬挂蓝色、黄色黏虫板诱杀蓟马、蚜虫、白粉虱等害虫；树干缠双面胶带，阻隔害虫上树危害；树盘覆膜能有效阻隔一些害虫出土危害。

138 什么是生物防治以及生物防治的措施有哪些？

（1）生物防治　生物防治就是在果园系统中利用天敌控制害虫，利用生物种群中的相互抑制、互为依存、相互矛盾的关系，在果园中进行微环境调节，应用进步科技研发的昆虫信息激素等防治害虫的方法。

（2）具体措施　人工释放天敌，释放赤眼蜂防治枣瘿蚊等，释放捕食螨、猎蝽防治红蜘蛛；利用性外激素迷向法干扰害虫求偶交配；利用性诱剂、集合信息进行诱杀；利用报警激素趋避害虫；养鸭防蜗牛、养鹅除草等。

139 化学防治的特点是什么？

化学防治是使用农药防治动植物病虫害的方法。化学防治具有高效、速效、使用方便、经济效益高等优点，但使用不当会对植物产生药害，引起人畜中毒，杀伤有益微生物，导致病原物产生抗药性。农药的高残留还会造成环境污染。当前化学防治是防治植物病虫害的关键措施，在面临病害大发生的紧急时刻，甚至是唯一有效的措施。因此，化学防治应在病虫害监测预报、合理用药、安全用药、选用高效低毒低残留或生物制剂农药的基础上来实现，达到既控制病虫害，又对环境友好的目标。

140 如何达到“预防为主，综合防治”的目的？

设施内栽培管理的严格性和生产的高效益性使设施栽培中病虫害防治工作必须贯彻“预防为主，综合防治”的原则，同时设施与外界环境的相对隔离也为达到预防为主的防治目的创造了良好的条件。正因如此，在设施冬枣生产管理中，在病虫害防治上应严格实行以防为主，培养冬枣健壮树势为基础的农业综合防治法，从苗木消毒、病虫预测、合理用药、水肥配套及科学调控设施内生态条件等多方面进行病虫害综合防治。

设施内的病虫害综合防治要着重于防早、防好、防彻底，防患于未然，使设施内病虫防治工作切实有效、事半功倍。

141 设施内冬枣病虫害防治用药有什么特殊要求？

设施冬枣栽培是生产高档冬枣产品，必须达到绿色食品生产要求，在病虫害防治上应严格贯彻“预防为主，综合防治”的原则，尽量少用或不用农药，严禁使用剧毒农药和高残留农药。另外由于设施内相对密闭，温度、湿度又高，因而在农药选择上要注意选用那些不易对冬枣产生毒害作用的农药种类，而且农药使用的浓度要低于露地的浓度，防止产生药害。

由于设施空间密闭，释放天敌、有益动物或家禽效果较好，可以充分利用这些条件，实施生物防治，这也是设施栽培中一个突出特点。

设施环境较为密闭，熏蒸防治和迷雾防治是设施内病虫害防治的有效措施，值得在各地推广。

142 设施冬枣主要病害有哪些？

设施中湿度大、通风透光条件差，所以设施冬枣栽培中常见的病害是一些在高湿条件下容易发生的病害。主要有灰霉病、炭疽病、轮纹病、斑点病、褐斑病、细菌性疮痂病、青苔等。

143 如何防治设施冬枣灰霉病?

灰霉病是冬枣设施栽培上常常发生的一种主要病害，灰霉病分生孢子和菌核在病枝、病叶上越冬。翌年在气候适宜时，越冬的病原产生新的分生孢子，靠风雨传播，病菌主要通过伤口和皮孔侵染。

设施中，灰霉病明显的发病期在开花前至谢花后，这时设施内高湿的环境为病菌的繁殖和发病创造了条件。植株感病后会造成冬枣花霉变腐烂、脱落，落地后病斑形成菌核，温、湿度合适时再度感染。严重时成为设施冬枣前期一种毁灭性病害。

防治方法如下：

（1）加强设施内栽培管理，合理调节水肥和设施内温度及水分状况，防止枝叶徒长，并注意及时抹芽、摘心，改善设施内通风透光条件。

（2）开花前和谢花后及时喷药能有效防止灰霉病的发生，常用药剂有40%施佳乐（嘧霉胺）悬浮剂、50%速克灵（腐霉利）、50%扑海因可湿性粉剂。开花期前后的两次喷药十分重要，在花期遇到连阴、多雨天气时，必须予以重视。

（3）合理控制设施内土壤水分和空气湿度，防止湿度过高形成病害的诱发条件。

144 如何防治冬枣黑斑病？

冬枣黑斑病，俗称黑红点，主要危害叶片和果实。枣叶病初期失绿，之后产生浅褐色小斑点，并逐渐扩大成不规则褐病斑。当斑点连接成片时，叶片变黄卷曲，提早落叶。枣坐果初期，病斑为浅褐色针头状麻点，随着枣果的膨大，病斑也逐渐扩大，成为圆形或椭圆形的黑色凹陷病斑，边缘清晰。一个枣上的病斑少则1～3个，最多可达十几个。80%以上病斑直径2～5毫米，最大可达13毫米。病皮下果肉呈浅黄色，味苦。

病菌以菌丝体的形式在芽鳞和皮痕内越冬，菌丝体萌发产生分生孢子为斑点病的初次侵染来源。该病发生适宜条件为低温高湿，温度在20～26℃、相对湿度在75%以上时有利于其发病，分生孢子易萌发，借空气、雨水等传播，可于当年侵染。发病主要与树势、树龄、种植密度等条件有关，枣树开甲后愈合差或当年未愈合的植株，长势较差，斑点病发生严重，甚至会导致整个植株死亡；树龄4年以下枣树发病轻，树龄5年以上结果枣树发病重；刺吸式昆虫绿盲蝽、叶蝉等危害枣果，造成伤口，给病原菌侵染提供了有利条件，导致病害发生。通过近几年的生产调查，春季追肥与其发病有一定的关系，特别是大量、频繁使用尿素、磷酸二铵导致土壤养分失衡，是使该病加重的因素之一。坐果期弱树较高浓度使用植物调节剂，该病同样会严重发生。

防治方法如下：

（1）休眠期清园、幼果期药物控制。

②选用30%戊唑·醚菌酯、19%啶氧·丙环唑等进行防治。

145 如何防治冬枣炭疽病？

炭疽病主要危害果实，也能危害枣头、枣叶、枣吊和枣股。叶片受害后变黄绿色，早落，有的呈黑褐色、焦枯状悬挂在枝条上。病果发生部位一般在果肩或腰部，最初出现淡黄色水渍状斑点，以后逐渐扩大成不规则黄褐色斑点，中间产生圆形凹陷病斑，病斑扩大后连片呈红褐色，最后果实提早脱落。病果着色早，在潮湿条件下，病斑上能长出许多黄褐色小突起及粉红色黏性物质，即病原菌的分生孢子盘和分生孢子团。对早落的病果进行解剖发现，部分枣果由果柄向果核处呈漏斗状，果肉变褐，果核变黑，重病果晒干后，只剩下枣核和丝状物连接果皮。病果含糖量低、味苦、品质差，不能食用。多数炭疽果并不脱落，但若在染有缩果病的枣果上侵染时会造成严重的落果现象。枣头、枣吊、枣股受侵染后不发病，病原菌以潜伏状态存在，但经离体保湿培养后，均能长出粉红色黏状的分生孢子团。

冬枣炭疽病菌以菌丝体潜伏于枣头、枣吊、枣股及病果、僵果内越冬。翌年分生孢子借风雨从自然孔口、伤口或直接穿透表皮侵入。刺吸式口器的害虫，如蚜虫、绿盲蝽等在危害冬枣过程中即可传播病害。冬枣炭疽病一般在枣树开花时即开始侵染，但多不发病，待到果实快成熟时或到采收时才出现病菌在田间有明显的潜伏侵染现象，其潜伏期的长短与天气条件和树势强弱有密切的关系。一般来说，白熟期后，棚内湿度达到90%以上时，发病早且严重；管理水平高、树势健壮的枣树则发病轻，反之则发病重。

防治方法如下：

（1）重视清园环节　清扫落地的枣吊、枣叶、僵果，摘除树上的老枣吊，结合修剪，剪除病枝、枯枝，集中烧毁。

（2）加强肥水管理　增强树势，提高抗病能力。进入白熟期后，地下覆膜，降低棚内湿度，降低病害发生的概率。

（3）药剂防治　用25%吡唑醚菌酯、22.5%啶氧菌酯、45%咪酰胺，加40%氟硅唑或者430克/升戊唑醇等，于坐果后开始15天喷1次，连喷3次。

146 如何防治冬枣轮纹病？

冬枣轮纹病主要危害果实和枝干，对叶片危害较少。果实受害，在成熟期或储藏期，以皮孔为中心，生成水浸状褐色小斑点，很快形成同心轮纹状，并向四周扩大，呈淡褐色，整个果实软腐。后期在表面形成许多黑色小粒点，即分生孢子器。烂果多汁，有酸臭味。叶片受害，产生近圆形同心轮纹状褐色或不规则褐色病斑，大小5～15毫米，逐渐变为灰白色，并生小黑点。病斑多时，叶片干枯早落。枝干受害，在皮孔上形成圆形或扁圆形的瘤状物，直径3～30毫米，红褐色，坚硬，边缘龟裂，与健康组织形成一道环沟。翌年病斑中间生出黑色小粒点，即分生孢子器。严重时，病组织翘起，如马鞍状，许多病斑连在一起，使果实表皮粗糙。

病菌以菌丝、分生孢子器及子囊壳在被害枝干越冬。菌丝在病枝干组织中可存活4～5年，每年从花后幼果期开始，孢子萌发经果皮侵入果实和枝干，24小时可完成侵入并感染。在枝干上侵入感染后，以皮孔为中心形成新病斑，发病部位以枝干背面较多，新病斑当年不产生分生孢子器，第2～3年才大量产生分生孢子器和分生孢子。

温度对病原菌的生长有较大的影响，病原菌在15～35℃的范围内均可生长，最适温度为25～30℃。气温高于20℃、相对湿度高于75%，发病严重。果树生长前期，棚内湿度较大，侵染严重；若果实成熟期再遇上持续高温、干旱，则受害更重。冬枣轮纹病发病期主要集中在果实接近成熟以后。管理粗放、偏施氮肥、树势衰弱、黏重壤土、偏酸性土壤易感病；害虫严重的枝干或果实发病重。

防治方法参考冬枣炭疽病的防治。

147　如何防治冬枣褐斑病？

冬枣褐斑病又叫冬枣黑腐病，主要危害枣果，一般在枣果膨大着色时大量发病，先是在肩部或胴部呈浅黄色不规则变色斑，边缘较清晰，以后逐渐扩大，病部凹陷或皱褶，颜色也随之加深，由黄褐色变为红褐色。病肉初为浅土黄色，后变灰黑色，严重时大片直至整个果肉变为褐色和黑褐色。病组织呈海绵状坏死，味苦，不堪食用。病果出现症状后一般2～7天即脱落。接近成熟期的病果，病斑为紫红色，果肉呈软腐状，部位无规律，成熟前脱落。病果后期，果皮下出现许多小黑点，后突起，为病菌的子座，果肉灰黑色。越冬后整个果肉呈木炭状。

病菌以分生孢子器和分生孢子在落地病僵果和干枯枝上越冬，其中落地病果为病原菌主要越冬场所，越冬病菌的初侵染时期为幼果期。果实近成熟期为侵染盛期。主要发生在树势衰弱株和历史重病株上。果实近成熟期棚内湿度大，则发病重；反之，则发病轻。多年生枝生长势较弱，枣果发育成熟度较高，故发病重；一年、二年生枝长势较强，枣果发育成熟度较低，故发病轻；虫害防治好的枣园发病较轻，未防治虫害的枣园发病重，这与害虫在果上危害后造成伤口，有利于病菌侵入有关。

防治方法参考冬枣炭疽病的防治。

148 如何防治冬枣疱斑病？

冬枣疱斑病主要危害冬枣幼树主干和2～3年生枝条的韧皮部，深达形成层，但不危害木质部。多从嫁接口、修剪口、枣股及树枝分杈部位或伤口处侵染，初始病斑为黄褐色小点，逐渐扩展为不规则形且明显隆起的黄褐色病斑，用手压有柔软感，剥开外部发病表皮，韧皮部变为黄褐色绵状组织，条件适宜时病斑发展很快，发病严重者病斑连成片状。整枝发病，横向完全围绕至幼树主干或枝条，纵向发展长达1米以上。病害发展到后期，颜色进一步加深，呈红褐色、长条状或不规则形干瘪病斑，翌年随树木的生长，部分发病树皮开裂。

秋冬季寒冷易导致病害发生。树势弱或偏施氮肥的冬枣树发病比较重。发病严重时，可造成树势衰弱或枝干死亡。一般于冬枣萌芽时开始发病，开花坐果时为发病高峰，随着气温升高，病害发展趋缓，果实采摘结束后为第二次发病高峰。

防治方法如下：

（1）加强栽培管理，改善栽培条件　增强树势，提高植株抗病能力，是防治冬枣疱斑病的重要措施。早春发生冻害的枝条易感病。增施有机肥，防止使用氮肥过多，可增加植株抗病能力，提高抗冻性，减轻病害的发生；也可秋施速效磷钾肥，增加树体抗性，降低翌年春季病害发生程度。

（2）清园　及时清除园内死树、剪除病枯枝，带出园外集中烧掉，能起到消灭病菌源的作用。

（3）休眠期进行树干涂白　涂白剂配方：生石灰12～15份、食盐2～2.5份、水36份，再加大豆汁0.5份或其他黏着物质。涂白前，先要刮净老皮。

（4）药剂治疗　发病期，可用刀尖在病部划道，每道间隔5毫米左右，然后用1.8%辛菌胺醋酸盐水剂50倍液＋氨基酸50

倍液涂抹。

149 如何防治冬枣细菌性疮痂病？

冬枣细菌性疮痂病又叫溃疡病，是一种近几年新流行的细菌性病害。它侵染冬枣叶子、枣吊、枣头等部位，致使枣吊断裂、落叶、落花、落果。发生严重时，常使花蕾不能形成，叶片大量脱落，直接影响冬枣的坐果率。

（1）危害症状

①枣吊发病。枣吊受害后，发病部位坏死，枣吊则出现断裂现象，引起花蕾脱落。危害发生严重时造成花蕾较少甚至形不成花蕾，坐果率显著降低，甚至不坐果。后期则枣吊干枯，枣吊上坐住的果实，由于营养不良，品质受到很大影响。

②枣头发病。枣头弯曲，生长点干枯坏死，失去顶端优势，不能形成健壮枣头，对树体发育影响较大。发病后期，随着树体的生长发育，形成干裂的疤痕。

③枣叶发病。病菌初期侵染的部位是叶脉。初侵染时叶脉出现浅褐色病变，并顺叶脉逐步延伸，变为褐色或黑色，伴有菌脓溢出。菌脓风干后，形成黑色的菌脓斑，酷似真菌的病原物。随着疮痂病的不断侵染蔓延，叶脉坏死，叶面开始出现水渍状，渐渐干枯，形成叶边缘干枯，并大量脱落，所以又叫缘枯病。

该病是近年来棚内流行的病害。根据其时间及侵染特点，引起发病的侵染点与刺吸式口器害虫（如绿盲蝽、叶蝉等）有直接关系。据观察，冬枣发芽至幼果期棚内湿度过大，土壤含水量过高，易引起本病流行。

（2）防治方法

①合理施肥。增施有机肥和钾肥，提高土壤有机质含量，培肥地力，改良土壤。杜绝或减少速效化肥的施用量，尤其是花前肥杜绝大量施用尿素、磷酸二铵等肥料，协调营养生长与生殖生长的关系。

②适时浇水。提早浇花前水，不仅可以满足冬枣坐果的需要，还能降低花期病害的侵染程度。花期和幼果期是细菌性疮痂病的发病高峰期，此期避免浇水，以降低土壤湿度，创造不利于病害发生的环境条件。

③药剂防治。枣芽萌动前喷药，及时防治绿盲蝽、白粉虱和蓟马等害虫，发病期可用33%春雷喹啉铜悬浮剂，或20%噻菌酮悬浮剂喷雾防治，间隔7～10天，连续防治2～3次。

150 如何防治设施棚内冬枣青苔？

设施棚内种植密度大、湿度大、通风透光效果差的枣园易滋生青苔。青苔在繁殖过程中需要充足的水肥，会吸取枣树的养分，造成树体衰弱，枝梢枯死，同时会堵塞冬枣气孔，引起部分叶片卷缩或掉落。还会影响枣树的光合作用，导致果实偏小，对果实的色泽、外观以及品质有很大的影响，使果品低下，降低商品价值。除此之外，青苔还会像薄膜一样覆盖在树体表面，影响农药和叶面肥喷洒后的使用效果。

防治方法如下：

（1）树干涂白　休眠期认真清园，对长出的青苔用刷子刷除，然后对树干涂抹涂白剂，有显著防治效果。

（2）药剂防治　果园已经发生青苔，建议用代森铵250倍+碳铵15倍+植物油150倍，还可用32%唑酮·乙蒜素800～1000倍喷施，效果较好。

（3）其他防治措施　合理修剪，确保果园通气性和透光性，及时通风排湿，保证枣树的健康生长。

151 发生冬枣裂果的原因是什么？

裂果发生的原因如下：

（1）水分失调　冬枣生长前期土壤过分干旱，在进入转色期至成熟期时若遇连续阴雨天或暴雨，则会造成根系短时间内水分供应过多，使果肉膨胀迅速，从而增大对果皮的压力，导致裂果。尤其是冬枣含糖量高，近成熟期肉质变厚，果皮变薄，弹性降低，此时若吸收的水分过多，易使果皮炸裂。

（2）营养失衡　一些果农施肥时单纯使用氮磷钾肥，缺乏微量元素，特别是钙和硼，使树体因为生理缺失所需微量元素而营养不良，果实发育差，导致在成熟前后开裂。

（3）日灼伤害　枣树的叶面积小，阳面果实容易造成太阳直射，而果皮在受到强光照射后，会在表面形成细小的日灼伤痕，导致日灼处的表皮韧性降低而开裂，然后扩展到其他部位。

（4）其他因素　用药不合理，药痕存留处产生药斑后开裂等。

152　如何预防冬枣裂果？

预防裂果措施如下：

（1）土壤改良　增施有机肥，改善土壤通透性，提高土壤的缓冲性，保持供水均匀，减少裂果。

（2）适时灌水　幼果坐果后及时浇水，既能促进果实正常发育，又能在果实中保持一定水分。进入白熟期后，根据棚内湿度采用渗灌的形式浇小水，不要使土壤水分变化过大而引起裂果。一般要求果实白熟期，地表土层见干见湿，使土壤湿度保持在合理和稳定的状态。

（3）补充营养元素　冬枣生长期间缺少硼和钙都可引起裂果，应注意合理配方施肥，增施有机肥，尤其增加微量元素硼和钙的使用。可在花前和落花后各喷一次速效硼。在冬枣像黄豆大小时，每隔15天喷2～3次优质钙肥。白熟期后，再喷1～2次优质钙肥，能明显降低冬枣的裂果现象。

153　如何预防冬枣日灼？

设施冬枣成熟期，露地正处于高温阶段，设施内温度更高，偶尔还会遇到连阴陡晴天气，易引发冬枣日灼。

预防日灼措施如下：

（1）通风时采取逐步通风，上下通风。不可在棚内高温时一次性通风，以防出现短时间内温差过大，引起果实生理性失水萎蔫。

（2）在下午高温时段，13点到15点开底风，放棉被遮阴，或是搭建遮阳网整棚遮阴。

（3）棚内保持一定湿度，也可树下适当留些小草，利于调节棚内温湿度，减少日灼。

（4）棚膜上喷涂防晒剂，防阳光直射，可起遮阴作用。

（5）树体喷施含钙的叶面肥，提高果实防晒能力。

154 成熟期果实萎蔫发软的原因和预防措施？

（1）成熟期果实萎蔫发软的原因

①甲口过宽、干旱，影响甲口愈合太晚（时间长）或愈合不良。枝条中的养分消耗已尽，树下的营养物质供给上不去，造成树势衰弱，营养缺乏。

②土壤过度干旱，枣果生长后期出现干旱。因为在水分有限的情况下，枣树为满足自身生长的需要，满足树体正常活动，会优先供应叶片的需要，从枣果中争夺水分，使枣果生长受到影响，出现萎蔫软果。

③负载量过大，没按照标准进行疏果，果实发育期超过120天，营养向种核转移，使果肉组织衰老。

④喷施或涂抹催熟剂，个别果农为追求冬枣成熟早，喷施或涂抹含有乙烯利的催熟剂。

⑤缩果病导致冬枣果柄与果肉连接处坏死，营养和水分供应不足，发生软果。

（2）预防措施

①增施有机肥，提高土壤缓冲能力，成熟期枣园表土要保持见干见湿的程度。

②及时疏果，使果树合理负载。

③检查剥口，采取包缠的方法促进剥口适时愈合。

④成熟期严禁使用含有乙烯利的催熟剂。

⑤做好缩果病的防治。

155　如何预防枣树叶片发黄？

（1）枣树叶片发黄的原因

①上年因病虫害引发早期落叶，树体贮备营养不足，树势衰弱，导致叶片发黄。

②甲口愈合不好，树势较弱，水分、养分不足引起叶片发黄。

③地势低洼，积涝严重，根系营养供应不足造成黄化。

④根部病害或施用化肥过量，造成肥害，导致烂根、死根，使水分、营养供给不足导致黄叶。

⑤某些缺素症状，如缺铁、缺氮、缺磷、缺硫、缺铜、缺锌、缺锰等都会造成叶片黄化。

（2）预防冬枣树叶片发黄的措施　要对引起叶片黄化的原因进行分析诊断，然后对症解决。

①注重有机肥的施入和中微量元素的补充。

②上年要保护好叶片，确保根系营养的积累。

③粪肥施入时，一定要腐熟好。

④地势低洼处要注意做好排水工作，不要长期积水。

⑤结合喷药，叶面喷施含中微量元素的叶面肥。

156 冬枣栽培中主要有哪些虫害？

一般来讲，设施冬枣栽培中如果加强了植物检疫和苗木消毒及设施中的土肥管理，设施内就很少会有虫害发生。但是近年来，随着栽培年限的延长，栽培面积的扩大，冬枣设施栽培中虫害种类明显增加，这主要和有机肥未能充分腐熟，设施中缺少防虫网、园区建设绿化树种的过多栽培等因素有密切关系。当前冬枣设施中发生最多的虫害是白粉虱、枣瘿蚊、蓟马、红蜘蛛、蜗牛等，而且有日益加重的趋势。因此在冬枣设施栽培中不但要重视防治冬枣病害，而且也要重视对冬枣虫害的防治，尤其要重视已报道过的新的害虫的发生和防治。

157 如何防治白粉虱？

白粉虱原来主要危害蔬菜作物，食性极杂，现已成为危害设施冬枣的一种主要害虫。

（1）虫态及危害特征　白粉虱的成虫虫体很小，常群居在冬枣叶背面，摇动叶片后成群飞舞。在温室中，白粉虱每年发生十余代，世代重叠现象严重，白粉虱冬季在露地不能生存，但能在温室内存活。冬枣扣棚萌芽后，白粉虱开始危害冬枣，在叶片上初孵化的若虫伏在叶背不动，吸食叶片液汁，使叶片褪色，生长衰弱。虫口密度大时，中下部叶片会布满若虫。若虫分泌大量黏液，污染冬枣叶片和果实，分泌液常常会诱发烟煤状污染，影响叶片的光合作用。

（2）发生规律　白粉虱各种虫体在冬枣植株上呈塔状分布，最上部的叶片上成虫群居并产下大量粉笔末状淡黄色或白色的卵，逐级向下，叶片上的卵变成黑色，中部叶片多是初龄若虫，向下为老龄若虫，最下部叶片为蛹和蛹壳，这是白粉虱危害的显著特点。

由于设施内天敌数量很少，所以对白粉虱的自然抑制作用很小。

（3）防治方法

①消灭、杜绝虫源：白粉虱以成虫在设施内杂草、枯枝落叶上越冬。抓住这个关键时期，清除温室内的枯枝落叶并集中销毁，彻底消灭越冬虫源。

②烟剂熏蒸：扣棚后至冬枣萌芽前，发现有白粉虱活动时，选用10%高效氯氰菊酯烟剂或15%异丙威烟剂熏蒸2～3次，间隔7～10天，即可消灭孵化的幼虫和成虫。

③药剂防治：在冬枣植株生长季节，结合其他病虫害，使用70%吡虫啉、20%啶虫脒、5%甲维盐、5%高效氟氯氰菊酯等进行防治。

158 如何防治枣瘿蚊？

枣瘿蚊又名枣蛆，属双翅目瘿蚊科，是冬枣树上的主要害虫之一。

（1）虫态及危害特征　危害枣树嫩芽及叶片。枣树受害后，叶缘向上卷曲，呈筒状，由绿变为紫红色，质硬发脆。幼虫在叶筒内取食，后期变为褐色或黑色，叶柄形成离层而脱落。

（2）发生规律　枣瘿蚊1年发生5～6代，幼虫结茧在树下浅层土壤中越冬，冬枣萌芽时化蛹、羽化。成虫产卵于未展开的嫩叶缝隙处和刚刚萌发的枣芽上。幼虫孵化后吸食嫩叶汁液，刺激叶肉组织由两边向两边上卷起，呈筒状，幼虫隐藏于其中对冬枣植株造成危害。每片叶内藏有幼虫5～8条，甚至更多。枣吊被长期危害到达盛期，受害严重的叶片开始焦枯。枣瘿蚊各代发生参差不齐，存在严重的世代重叠现象，全年有5次以上的危害高峰期。每年最后1代老熟幼虫于8月下旬入土，结茧越冬。

（3）防治方法　防治关键期为萌芽期至枣头生长期。

①人工摘除受害枣吊。

②春季树盘内按3千克/亩撒施0.5%阿维菌素颗粒剂。

③结合防治其他虫害，选用5%甲维盐、30%噻虫嗪、25%噻嗪酮、30%噻虫胺等喷雾防治。

159 如何防治蓟马？

危害设施冬枣的蓟马主要是烟蓟马、葱蓟马。蓟马是一种杂食性害虫，近年来成为设施冬枣上一种常见的害虫。

（1）形态特征　蓟马个体较小，体长约1毫米，呈淡黄色或褐色，虫体细长，卵呈肾脏形，乳黄色，若虫淡黄色，形状与成虫相似，由于蓟马个体较小，不仔细观察一般不易发现。

（2）危害状况　蓟马在温室中一年可发生5～6代，以成虫在棚内杂草及冬枣植株上越冬，当冬枣萌芽后即开始危害。蓟马成虫、若虫刺吸冬枣花蕾和幼果，花蕾受害后黄化脱落，幼果受害后，果面上易形成条形木栓化褐色锈斑，严重影响果实外观，造成严重的经济损失。

（3）防治方法

①清园。秋冬季节做好温室内的清理工作，铲除销毁一切杂草和间作物的残枝落叶，消灭越冬虫源。

②挂黏虫板。冬枣蕾期至幼果期，悬挂蓝色黏虫板。

③保护天敌。蓟马天敌有小花蝽和姬猎蝽，设施内要注意引进和保护。

④药剂防治。蓟马开始危害时立即喷洒20%吡虫啉、30%噻虫胺等药剂，有良好的防治效果。

160 如何防治红、黄蜘蛛？

枣树红蜘蛛主要危害叶片，吸食叶绿素颗粒和细胞液，抑制植株光合作用，减少其养分积累。严重时植株叶片枯黄，造成提早落叶、落果，影响冬枣产量。

（1）发生规律及生活习性　红蜘蛛每年发生的代数，因气候条件而异，一般发生10代以上。其繁殖方式主要为两性繁殖。每只雌虫平均日产卵6～8粒。10月中下旬，雌虫迁至树皮缝隙、杂草及根际土块下越冬。翌年枣吊5～8片叶时开始危害，随着温度升高、棚内湿度降低，形成危害高峰。

红蜘蛛的活动与环境条件有关，其发生危害的最适宜温度为25～35℃，相对湿度为35%～55%。高温干燥是红蜘蛛猖獗危害的重要条件。红蜘蛛虫害的发生具有地域性，常年发生虫害重的地块，一般翌年发生也重。

（2）防治方法

①清园。及时清除田间及周围环境中的枯枝、落叶，铲除田外的杂草，并注意周围50米以内的叶螨寄主的防治，减少虫源，降低危害。进行冬季深翻，消灭越冬虫源，把在地面的枯枝、落叶、杂草上的越冬虫源翻到土壤深层，使其在翌春不能正常出蛰，这一方法可有效压低虫源基数。

②树干涂抹黏虫胶。刮除树干翘皮后，在分枝下绕树涂一层2～3厘米宽的黏虫胶环，可有效防治红蜘蛛、绿盲蝽等沿树干上下活动的害虫，黏虫效果达3个月以上。

③药剂防治。20%乙螨唑杀卵效果好，成虫大发生期，可选用43%联苯肼脂、34%螺螨酯、99%矿物油（不能和叶面肥混用）等药剂进行防治。

161 如何防治康氏粉蚧?

（1）危害症状　以若虫吸附于枣树新生枝上吸食汁液危害，也刺吸叶片。叶片受害后叶色变淡，叶肉变薄，严重时脱落。枝条受害后，生长缓慢，坐果减少。严重时导致绝产，甚至全树枯死。

（2）发生规律　以若虫在枣树的主干、主枝皮缝内越冬。翌年枣树发芽时，越冬若虫开始群集于枣芽上刺吸危害。康氏粉蚧的1～2代若虫危害为最严重时期。受害后的枣树、枣芽因被吸取汁液而造成生长不良，此后康氏粉蚧分泌的黏性物、排泄物黏附叶片，造成叶面发黑，产生霉污，影响植株光合作用，引起严重的落叶，枣果受污染表面发黏发黑。同时，枣果被若虫爬行刺吸后也易产生缩果病等，严重影响果品质量。

（3）防治方法　结合冬季修剪，刮除老树皮，消灭越冬弱虫。

若虫发生盛期选用70%吡虫啉水分散粒剂、60%呋虫胺·氟啶虫酰胺水分散粒剂、10%氯氟氰菊酯等药剂进行防治。康氏粉蚧多为傍晚和夜间取食，白天藏于树皮缝内，故喷药宜在傍晚进行，注意将主干大枝、叶片喷布周到。

162 如何防治设施棚内的蜗牛？

（1）危害症状　本地发生的蜗牛多为同型巴蜗牛和灰巴蜗牛，属腹足纲柄眼目巴蜗牛科软体动物。该虫多在晴天傍晚至清晨取食，取食植物根、叶、果、茎等部位。形成较大的缺刻和孔洞，同时分泌黏液，污染果实，造成危害。

（2）发生规律　同型巴蜗牛常与灰巴蜗牛混合发生，生于设施内潮湿草丛、枯枝落叶下、作物根际土块和土缝中等，一年繁殖一代。成虫多蛰伏于作物秸秆堆、草丛下面或其下土壤中越冬，幼虫亦可在冬季作物根部土壤中越冬。设施内冬枣萌芽时开始活动，白天藏于枝干阴面、落叶、杂草、土层等阴暗潮湿多腐殖质的地方，适应性极强。蜗牛多在花后（露地4～5月间）产卵，大多产在根际疏松湿润的土壤缝隙中及枯枝、石块下，每个成体可产卵30～235粒。

（3）防治方法

①人工诱捕。彻底清理地边石块和杂物等可供蜗牛栖息的场所；堆置杂草、树叶、石块、菜叶等诱捕物在晴天白天集中捕捉，或在枣树主干上绑草把，让蜗牛上树时进入草把，晚上取下草把烧掉。

②覆膜或设阻隔带。地面覆膜或用全棉绒布浸蘸柴油绑于树基部做阻隔带，能成功阻断其上爬危害。

③放鸭啄食蜗牛。每个温室放3～5只麻鸭，防治效果在95%。

④生石灰防治。晴天的傍晚在树盘下撒施生石灰，蜗牛晚

上出来活动会因接触生石灰而死。

⑤药剂防治。于其发生始盛期选用2%灭旱螺毒饵、8%灭蜗灵颗粒剂、10%四聚乙醛（蜗牛敌）、蜗克星颗粒剂等药剂直接撒施于蜗牛经常活动处，有很好的杀灭效果。

163 如何防治设施棚内的灰暗斑螟？

（1）危害症状　灰暗斑螟以幼虫为害枣树甲口和其他伤口。枣树开甲后，该虫在甲口处选一适当部位蛀入为害。首先沿甲口取食愈伤组织，排出褐色粪粒，并吐丝缠绕。当幼虫取食甲口愈伤组织一部分或全部后，便沿韧皮部向上取食为害。连续为害则造成甲口不能完全愈合或断离。甲口部分被害后，树势明显减弱，树上出现枯枝，产量和质量显著降低；甲口完全被害后，造成甲口断离，树势急剧衰弱，1～2年后便整株死亡。

（2）发生规律　灰暗斑螟1年发生4～5代，以第四代幼虫和第五代幼虫为主越冬，有世代重叠现象。幼虫期是该虫唯一的危害阶段。幼虫孵化后，即分散取食。幼虫食量较小，无转株危害现象。幼虫老熟后，在危害部位附近选一干燥隐蔽处，结白茧化蛹越冬。

（3）防治方法

①秋冬季检查甲口，抠除甲口越冬的幼虫。

②环剥后3～5天，甲口处涂抹50～100倍氯虫苯甲酰胺或喷雾防治。

第十部分

农药的安全使用

PART 10

绿色果品生产对农药的使用有严格的要求，因为鲜果或果汁在大多数情况下会被消费者直接食用，若果品有残毒污染，食用后会直接危及人体健康。既能控制病虫害又能避免或尽可能地减少残毒污染，是冬枣产业持续发展的要求。

164 设施冬枣栽培中农药的常用剂型有哪些？

（1）粉剂（DP）及可湿性粉剂（WP） 由农药和性质稳定的细粉载体混合制成的粉状物，粉粒细度在5～25微米之间，不加助剂的为粉剂，加湿润、分散剂的为可湿性粉剂，可用来喷粉或喷雾，药效期较长。

（2）乳油（EC） 把农药溶解在有机溶剂或乳化剂中制成的产品。在水中可迅速乳化，形成均匀的药液。可渗透病菌和害虫的表面进入机体内，达到治疗效果。

（3）水剂（EW） 水剂是农药的水基化剂型，原药以微小的液滴分散于水中，形成长期稳定的体系，是有机溶剂少、使用安全的一类农药制剂。

（4）悬浮剂（SC） 常见的是水基性悬浮剂，农药颗粒微小，能在水中呈稳定的悬浮状态，着药均匀，效果好，对环境安全。

（5）水分散粒剂（WDG） 水分散粒剂是把可湿性粉剂或悬浮剂再造成水分散性粒剂。这种剂型使用方便，无粉尘飞扬，很安全。它被认为是21世纪最具生命力的剂型之一。

（6）微乳剂（ME） 微乳剂是由液态农药、表面活性剂、水、稳定剂等组成，是以水为介质，不含或少含有机溶剂，因而不燃不爆，生产操作方便、贮运安全、环境污染小。

（7）烟剂（FU） 烟剂是将药剂经燃烧变成烟后产生杀

虫效果的农药。将原药、定量的燃烧剂、助燃剂、发烟剂按一定比例充分混合，呈粉状或片状物即成。使用时，点燃导火线，农药受热气化，在空气中形成固体烟状产生药效。适宜设施栽培使用，使用后应注意通风，以避免对人畜造成伤害。

165　设施冬枣栽培中农药的使用方法有哪些？

（1）地面喷施法　防治桃小食心虫、枣瘿蚊等，用粉剂或其他药剂均匀喷洒到树盘封锁地面的杀虫方法。时间一般在越冬虫出土初盛期，施药前耙平地面，施药后浅耙，使农药与土壤均匀混合。

（2）树体喷雾法　用乳油剂、水剂、水分散粒剂等配兑成水药液进行树冠喷雾的方法，应严格按产品说明书规定的浓度进行配兑。将药液均匀喷洒在树体和病虫体表，以求充分与病虫接触而产生药效。一般在枣园休眠期每亩用药液30～40千克，生长季每亩用药液50～75千克，树体表喷湿润且不滴药为佳。

（3）熏蒸法　设施棚体扣棚后消毒或是棚内湿度较大不便于喷药时，密闭棚体，然后点燃烟剂，起到杀菌灭虫的作用，一般在傍晚放棚后进行。

（4）涂抹法　将具有内吸传导作用的农药以较高浓度（常用30～50倍）涂抹于树干某个部位，起到消灭害虫和治病的作用。灰暗斑螟、干腐病和剪锯口常用涂抹法进行治疗或保护。

166 农药如何稀释?

（1）倍数法　一般常见药罐可盛500千克左右，如某种药剂的使用浓度为1000倍，应加入多少克（1克≈1毫升）商品原药?

用药量=500/1000=0.5千克=500克

实际应加药量为500克；若有效浓度为2000倍时，实际应加药量为250克。

（2）有效剂量法　该方法在实际中比较常见，如某种农药没告知使用浓度，而是标明每亩果园使用有效成分多少克，应该如何进行配制?

例如，某种药剂每袋400克，有效含量为25%，一亩果园用纯药量20克，应加入商品药剂多少克?

配制时，应先计算出1亩果园需要多少克25%的商品药量。

商品药量=20/25%=80克

一般在枣园休眠期每亩用药液30～40千克，生长季每亩用药液50～75千克，取80克商品药量加入水中搅拌均匀喷雾即可。

（3）百万份浓度稀释法　即100万份药液中含有某种农药有效成分的份数，用ppm来表示。常用于使用浓度很低的一类农药浓度的表示方法。例如，将10克80%的赤霉酸稀释成20 ppm，需加水的量是多少?

先明白80%即相当于80×10000=800000 ppm浓度，然后计

算需加水的量：10 × 800000/20=400000毫升= 400千克

10克80%的赤霉酸稀释成20 ppm，需加水400千克。

167 农药“三证”指的是什么？

农药“三证”指的是农药准产证、农药标准证和农药登记证。“三证”以产品为单位发放，即同一种农药产品由不同厂家生产，每个厂家都有各自的“三证”。

168 怎样才能购买到放心的农药？

采用“三优先、二查看、一索取”的方法购买农药。

（1）三优先　优先选择到诚信度高、服务好、当地有一定影响力的合法农药经营单位购买农药；优先选择农业植保部门或病虫情报上推荐的农药品种；优先选择有品牌、讲信誉、重质量、服务好的企业生产的农药品种。

（2）二查看　查看农药“三证”、有效成分、含量、生产厂家、生产日期、保质期，防止选购假冒伪劣及过期农药；查看农药使用范围、应用技术及注意事项，防止作物药害和人畜中毒事故发生。

（3）一索取　购买农药后，及时向经销商索取销售凭证。

169 国家禁限用农药有哪些？

《农产品质量安全法》规定，禁止在农产品生产经营过程中使用国家禁止使用的农业投入品以及其他有毒有害物质。《农药管理条例》规定，农药使用应按照标签规定的使用范围、安全间隔期用药，不得超范围用药。剧毒、高毒农药不得用于防治卫生害虫，不得用于蔬菜、瓜果、茶叶、菌类、中草药材的生产，不得用于水生植物的病虫害防治。

（1）禁止使用的农药品种（52种）（见表7）

表7　国家禁止使用的农药品种

六六六	滴滴涕	毒杀芬	二溴氯丙烷	杀虫脒	二溴乙烷
除草醚	狄氏剂	艾氏剂	汞制剂	砷类	铅类
敌枯双	毒鼠强	毒鼠硅	氟乙酰胺	甘氟	氟乙酸钠
甲胺磷	对硫磷	久效磷	甲基对硫磷	磷胺	苯线磷
磷化钙	磷化镁	磷化锌	甲基硫环磷	硫线磷	地虫硫磷
蝇毒磷	氯磺隆	治螟磷	特丁硫磷	甲磺隆	胺苯磺隆
福美胂	林丹	硫丹	三氯杀螨醇	氟虫胺	福美甲胂
杀扑磷	百草枯	灭蚁灵	2,4-滴丁酯*	氯丹	
甲拌磷*	灭线磷*	溴甲烷*	甲基异柳磷*	水胺硫磷*	

注：2,4-滴丁酯过渡期至2023年1月29日，过渡期内处于登记有效期内可按登记要求使用。甲拌磷、甲基异柳磷、水胺硫磷、灭线磷过渡期至2024年9月1日，过渡期内禁止在蔬菜、瓜果、茶叶、菌类、中草药材上使用，禁止用于防治卫生害虫，禁止用于水生植物的病虫害防治。甲拌磷、甲基异柳磷过渡期内禁止在甘蔗上使用。过渡期后禁止销售和使用上述5种农药。溴甲烷仅可用于检疫熏蒸处理。

（2）在部分范围内禁止使用的农药品种（见表8）

表8　国家在部分范围内禁止使用的农药品种

通用名	禁止使用范围
氧乐果 灭多威 涕灭威	禁止在蔬菜、瓜果、茶叶、菌类、中草药材上使用，禁止用于防治卫生害虫，禁止用于水生植物的病虫害防治
克百威	禁止在蔬菜、瓜果、茶叶、菌类、中草药材、甘蔗上使用，禁止用于防治卫生害虫，禁止用于水生植物的病虫害防治
内吸磷　硫环磷　氯唑磷	禁止在蔬菜、瓜果、茶叶、中草药材上使用
乙酰甲胺磷 丁硫克百威　乐果	禁止在蔬菜、瓜果、茶叶、菌类、中草药材上使用
毒死蜱　三唑磷	禁止在蔬菜上使用
丁酰肼（比久）	禁止在花生上使用
氰戊菊酯	禁止在茶叶上使用
氟虫腈	禁止在所有农作物上使用（玉米等部分旱田种子包衣除外）
氟苯虫酰胺	禁止在水稻上使用

170　农药安全合理使用要注意哪些问题？

科学合理地使用农药是提高防治效果、节省农药用量、确保农业丰收最经济有效的措施。科学合理用药要做到经济、安全、有效，要着重注意以下几个方面。

（1）注意对症下药　防治不同的病虫草害应使用不同种类的农药，而每一种农药能防治的有害生物的种类也有一定的范围，如何针对防治对象选择最合适的品种是科学合理用药的重要条件之一。只有弄清防治对象，才能对症下药。

（2）适时用药　掌握病虫草害在不同生育阶段的活动特性，进行适时喷药，可起到事半功倍的效果。

（3）适量配药　农药的使用浓度、用药量、施药次数应随着防治对象、生长条件和施药方法的不同而不同，且都应有严格的规定。超过所需要的用药量、浓度、次数，不仅造成浪费，还容易产生药害，引起人畜中毒，加快有害生物的抗药性形成，过多地杀伤害虫天敌和加重对环境、农副产品的残留和污染等。

（4）注意适法施药及施药质量　各种农业病虫害的生活习性和危害方式都不同，针对它们的施药方法也应随之而异。同时，不同的农药其作用方式也不同。因此要注意选择适当的施药方法、施药部位和相关的技术措施，以提高施药质量。

（5）注意选用适当的农药剂型和品种　应根据防治的需要和特点选择合适的剂型和品种。

（6）安全使用农药　注意果树的品种、物候期和生理特性等因素对药剂的不同反应，以免发生药害。一般果树发芽期、开花期或生长发育不良等阶段的耐药力都差，应尽量避免用药。

171 农药混配要注意哪些问题？

（1）要明确农药混合使用的目的，不能为了混用而混用　农药混合使用在原则上应达到增效、兼治和扩大防治范围的目的。如不能达到上述目的，就不应混用，否则就会造成浪费，收不到应有的效果，甚至还会造成药害。

（2）农药混合后不应发生不良的化学和物理变化　如药剂混合后不被分解，乳油不被破坏，悬浮液不产生絮聚或大量沉淀现象，即可混合使用。

（3）农药混合后不应出现药害　混合后的混合药液（药粉）对作物不应出现药害现象，如出现药害，就不能混合使用。

（4）农药混合后不能增加毒性　药剂混合后，其混合液的急性毒性一般不能高于各自原来的毒性，也就是说不能增毒。

172 药害发生的原因有哪些？

（1）错用在敏感作物上　多数农药均有其相应的敏感作物，严防误用。

（2）在作物的敏感阶段用药　果树年周期中不同的生育阶段对药剂的抵抗能力不同。一般来讲，萌芽期、幼果期对药剂比较敏感，易发生药害，采果后至休眠期抗药性较强。

（3）用药环境不适宜　用药时气温高、湿度大、日照强易产生药害。

（4）药量过多、浓度过高或施药方法不当　植株对农药的耐受能力是有限的，如果用药量过多或药液浓度过高，都会使作物产生药害。

（5）不恰当混用　每种农药都有一定的配合力，错误混用常造成药害。例如矿物油在生长季节防虫时不能和一般的叶面肥混用。

173 枣树药害有什么症状?

（1）斑点　斑点主要发生在叶片上或果实表皮上。常见的有黄斑、褐斑、枯死斑、网斑。药斑与生理性病害的斑点不同，药斑在植株上分布没有规律，园内分布有轻有重。病斑发生的部位比较一致。药斑与真菌性病斑症状也不一样，药斑形状、大小不尽相同，病斑通常发生比较普遍，植株出现症状有分布中心、斑点形状较一致。

（2）黄化　黄化一般发生在枣树茎叶上，以叶片黄化发生较多。药害引起黄化的主要原因是农药阻碍了叶绿素的正常光合作用。轻度发生表现为叶片发黄，重度发生表现为全株发黄。药害引起的黄化与营养元素缺乏引起的黄化有所区别，前者常常使叶片由黄叶变成枯叶，后者常与土壤肥力有关，全园植株表现一致。与病毒引起的黄化相比，后者黄叶常有碎绿状表现，且病株表现系统性症状，在园内病株与健株混生。

（3）畸形　由药害引起的畸形可发生于植株的新梢、叶片和果实，常见的有卷叶、丛生、畸形果等。药害畸形与病毒性畸形不同，前者发生普遍，植株上表现出局部症状，后者往往零星发生，表现出系统性症状，常见叶片混有碎绿明脉、皱叶等症状。

（4）枯萎　药害引起的枯萎往往整株表现症状，大多由除草剂引起。药害引起的枯萎与植株染病后引起的枯萎症状不同，前者没有发病中心，且大多发生过程较迟缓，先黄化，后枯萎，根茎输导组织无褐变；而后者多是根茎输导组织堵塞，当阳光照射，蒸发量大时，植株先萎蔫，后失绿死亡，根部维管束有褐变。

（5）生长停滞　这类药害是抑制了植株的正常生长，使植株生长缓慢，除草剂药害一般均有此现象，只是多少不同而已。药害引起的植株生长缓慢与植株生理病害的发僵和缺素症相比较，前者往往伴有枯萎或其他药害症状，而后者中毒发僵表现为根系生长差，缺素症发僵则表现为叶色发黄或暗绿。

（6）脱落　这种药害表现在果树上，有落叶、落花、落果等症状。注意药害引起的落叶、落花、落果与气候或栽培因素引起的落叶、落花、落果不同，前者常伴有其他药害症状，如产生黄化、枯焦后再落叶。而后者常与灾害性天气有关，在大风、暴雨、高温时常会出现。栽培因素主要是缺肥或生长过旺而引起落花、落果。

174　目前冬枣敏感的药剂有哪些？

代森锰锌、易保，在高温期使用时，叶片、果实会发生不规则形褐色斑点；三唑磷，使用后果实表面出现红褐色条纹；虱螨脲，在高温期使用，有时叶片会出现褐色斑点，严重时叶片脱落；矿物油，在生长季节和叶面肥混用后，果实表面会出现褐色斑点。

175 药害的补救措施有哪些？

（1）施肥补救　一般对于叶部产生的药斑、叶缘枯焦和植株黄化等症状的药害，增施肥料可减轻药害程度，如叶面喷施叶面肥、追施速效肥等。

（2）激素补救　对于抑制或干扰赤霉素的农药产生的药害，在药害后喷洒赤霉素可缓解药害程度。

（3）喷水补救　由于喷药导致发生药害，可在药害发生初期，反复喷洒大水2～3次，尽量把植株表面上的药物冲洗掉。还可在喷洒的清水中加入0.2%的小苏打或0.5%的石灰水，加快药剂的分解。

目前使用比较广泛的方法是几种措施同时使用，能快速缓解药害，例如芸苔素内酯+磷酸二氢钾稀释后喷雾，既能通过调节剂调节生长，还能通过叶面补肥增强植株长势，基本能缓解很多作物的大部分药害问题。

176 设施中采用烟雾剂防治病虫有什么优点？

烟雾一般是指大小为0.1～10微米的微粒在空气中飘浮形成的分散体系。当悬浮微粒是固体时称为烟，是液体时称为雾。烟的微粒可小到0.001微米，而雾的颗粒可大到20微米左右。在许多情况下，固体和液体的微粒常常同时存在，因为液体微滴的溶剂蒸发后常留下固态农药的微粒而成为烟，所以并称为烟雾。由于烟雾粒度很小，在空气中悬浮的时间很长，所以烟雾态农药的沉积分布很均匀，对病、虫的杀伤力和控制效果都显著优于一般喷雾法。尤其是温室大棚是一个相对密闭的空间，烟雾在温室中容易形成和飘浮，又不易散失，所以防治效果尤为突出。

177 设施中使用烟雾剂要注意哪些问题？

（1）把握用药方法　一般把烟雾剂放在走道或浇水沟（砖）上，开始均匀布点，一般每亩设3～5个燃放点。随后封闭设施大棚，由内向外依次点燃。注意吹灭明火，连续熏烟5～6小时后，即可开棚通风。注意使用烟熏剂后一定要在通风后，人员方可进入大棚进行农事操作。

（2）确定用药次数　防治病害最好在发病初期开始应用，在发病初期只需燃放1次即可达到防治效果。发病中后期一般每隔7～10天用1次，连用2～3次。如果病虫害严重或温室大棚密封性能差，可适当增加用药量或缩短施药间隔期。

（3）掌握用药剂量　根据温室大棚空间的大小，按照烟雾剂标签的推荐用量来确定用药量的多少。施放烟雾剂最好在傍晚日落后进行，让其在夜间烟熏，是因为这期间更有利于烟剂的雾粒下沉，防治效果更加理想。如遇阴、雨、雪天气，白天可照常进行。

（4）认清用药对象　防治时应根据不同防治对象有针对性

地选择适用的烟剂，目前常用烟熏剂主要有10%百菌清烟剂、10%腐霉利烟剂、20%异丙威烟剂等，如果发生多种病虫害，可以用复合烟剂进行防治。

178 石硫合剂在设施冬枣栽培中如何使用？

石硫合剂是一种广谱性杀虫杀菌剂，在果树生产中被广泛应用。由于石硫合剂飞溅到棚膜后易腐蚀棚膜，加速棚膜老化，导致棚膜开裂。因此，应在植株落叶后至扣棚前使用，覆膜后不再使用。

第十一部分

设施冬枣配套技术

PART 11

设施冬枣是在人为建造和调控的环境条件下进行的一种特殊的冬枣栽培方式，在设施栽培条件下，冬枣的生长和发育所处生态环境与露地栽培有明显的不同，正因如此，要保证冬枣正常生长结果，就必须采用与设施内冬枣生长发育和设施环境相适应的一系列配套栽培技术。掌握并利用这些措施和技术，是进行冬枣设施栽培的重要保证。

179 什么是滴灌？

滴灌是一种节水灌溉方法，是将具有一定压力的水过滤后经管网和滴灌带以水滴的形式缓慢而均匀地滴入植物根部附近土壤的一种灌水方法。

180 设施内进行滴灌有什么优点？

设施内采用滴灌的主要优点如下：

（1）省水、省电（油）　滴灌比地面沟灌节约用水30%～40%，显著地节约了用水，并节省了抽水所需的油、电等能源消耗。

（2）滴灌基本不影响地温　滴灌用水量少，而且不是短时间一次性灌入，所以对地温的直接影响小，滴灌是把水滴入作物根域内，地面蒸发量小，减少了土壤蒸发耗热，所以，采用滴灌的设施内的地温一般要比采用传统地面灌溉的要高。

（3）对土壤结构的破坏小　滴灌是采取滴渗浸渗的方法向土壤供水，不会造成对土壤结构的破坏。

（4）降低了空气湿度　由于滴灌时地面蒸发大大减少，而且多采用膜下滴灌，设施内空气相对湿度比地面灌溉要降低10%左右，从而减轻了病害的发生和蔓延，并减少了某些靠灌溉水传播病害的再侵染机会。

（5）滴灌可结合进行追肥、施药　在滴灌系统上附设施肥装置，将肥料随着灌溉水一起送达根区附近，不仅节约肥料，而且提高了肥效，节省了施肥用工。一些用于土壤消毒和需从根部施入的农药，也可以通过滴灌施入土壤，从而节约用工，提高药效。

（6）灌溉省工省力　滴灌是一种半自动化的机械灌溉方式，安装好的滴灌设备，使用时只要打开阀门，调至适当的压力即可自行灌溉，人工管理费用低。

综上所述，滴灌比起传统的大水漫灌省水、省工、省力、省钱，有利于设施内地温的提高和控制室内空气湿度，有利于冬枣生长结果和减轻病虫害发生，经济效益明显。

181　设施内滴灌设备包括哪些部分？

设施内滴灌系统主要由供水装置、输水管道（干管、支管）和滴水软带三部分组成。

（1）供水装置　指水源、水泵、流量和压力调节器、肥料混合箱、肥料注入器。进入滴灌管道的水必须具有一定的压力才能保证灌溉水的输送和滴出，要获得具有一定压力的水可以采取以下方法：

①利用现有水塔。利用现有水塔时，需要计算水塔与灌溉管道的相对高程差，一般要求送水的压力在0.1～0.2兆帕，这相当于要求水塔与灌溉区的相对高度差在10米以上。

②在机井旁设置压力罐，罐容量2～8立方米，机井水抽入以后加压至0.2～0.5兆帕，压力罐应安有自动补水装置，以保证不间断地均匀供水。

③土造贮水罐。在设施旁设置土造的贮水罐，如铁桶、塑料罐、水泥池等，一般容量要在5立方米以上，贮水罐的高度要距地面1.5米左右，使用时用微型水泵不断地把水注入贮水罐中。

④微型水泵直接供水，也可采用微型水泵将水直接泵入输水管道，从而省去各种储水设备。

（2）输水管道　输水管道是把供水装置的水引向设施内各个滴灌区的通道。对于温室来说，一般是二级式，即干管和支管。滴灌管带直接安装在支管上，滴灌管一般是由专业厂家提供的高压聚乙烯或聚氯乙烯管，管的内径有25～100毫米不同的规格。温室外的输水干管要埋入土中并在冻土层以下。不同内径的干管、支管用二通、三通、四通、旁通等连接。输水管道上引至温室出水管的内径可选取37.5～50毫米，输水管道上需要安装过滤器，以防铁锈或泥沙堵塞。最简单的过滤器是用80～100目的纱网进行过滤，同时要安装压力表阀门和肥料混合箱。肥料混合箱容积一般为0.5～1立方米。进入设施后的管道一般是设置于设施中部通道的上部或地面。

（3）滴水部分　目前多用聚乙烯塑料薄膜滴管带。厚度一般为0.8～1.2毫米，折径有16毫米、20毫米、25毫米、32毫米、40毫米、50毫米等多种规格。管壁为黑色，以防止管内滋生绿苔，堵塞管道。日光温室中可以选用折径小的软管。滴管带软管的左右两侧各打有一排直径0.5～0.7毫米的滴水孔，每侧孔距25厘米，两侧滴孔交错排列。当水压达到0.02～0.05兆帕时，软带便起到输水作用，并将软带中的水从滴孔滴入冬枣植株根际土壤中，每米软带每小时的出水量为13.5～27升。

182 设施内滴水管如何安置？

设施内滴水管和滴水软带的布置和安装要根据温室内冬枣栽植的行向进行安排，一般情况下，支管布置在温室南侧，滴水软带依冬枣的株行距布置，滴水软带与支管连接是将输水支管按软带的布设位置打孔，在孔上安装旁通，将滴水软带接在旁通的出水口上并扎紧即可。如果进到温室的出水口是内径50毫米的管，可以先用1个50毫米×40毫米的黑色塑料变径接头把它与支管连接协调起来，如果进水管的口径与连接软带的管径一致，就不需变换口径了。

183 如何使用设施内滴灌装置？

设施内滴灌设备装置好以后，再仔细检查一遍就可以使用，其程序如下：

（1）输水压力调整　把水压调至0.03～0.05兆帕，压力过大易造成软管破裂。在没有压力表时，可从滴水软管的表现上加以判断；如果软管呈近圆形，水声不大时，可认为压力合适。如软带绷得很紧，水声很大，说明水的压力太大，应予调整降低。

（2）供水量调控　灌溉水量一般要依据冬枣的不同生育时期以及天气情况来确定。一般每亩每次灌水10立方米左右即可。掌握在开花期水要少，生长旺盛期及幼果膨大期水要多；高温干旱时水要多，成熟前水要少的原则。没有流量计显示的时候，可通过滴管供水的时间进行计算，或根据土壤的湿润程度来判断。虽然每次灌水的时间要受到输水压力、软带折径大小、软带条数、大小和密度以及流水量等因素的影响，但一般每次灌水时间多为2～3个小时。

在冬枣成熟期要控制灌水，掌握住棚内的湿度，水分过大根系不能大量吸收会导致植株烂根，进而影响果实品质和造成裂果。

184 如何将滴灌与施肥相结合？

利用滴灌系统施肥时，可以购置专用的滴灌施肥装置，也可以自己制作。用1个旧的油桶，充分洗净，放在高于地面50厘米的地方，下部出液管与安装滴灌软管的支管连接，上部用自来水管不间断地加水，以保持压力，并将溶解好的肥料按规定浓度不断地加入其中，依靠自流，即可完成施肥。另一种方式是将溶液用微型泵或喷雾器加压压入支管。施肥一般是在灌溉结束前半小时进行，导入肥料的孔在不使用时应关闭。

185 设施内使用滴灌时应该注意的事项是什么？

（1）要防止滴孔堵塞　滴灌系统中，过滤装置一定不可缺少，而且要定期清理。追肥时，肥料一定要溶解充分，无沉淀，并及时清除溶液中的杂质。

（2）输水压要适中　输水压力要适中，避免软带破裂。

（3）必须重视基肥　要在基肥中施足有机肥和复合肥，以免在只能通过滴灌追施溶解性较好的化学肥料时，出现个别营养元素脱肥和营养比例失调的问题。

（4）结合滴灌铺设覆盖地膜　温室中湿度过高对冬枣生长不利，因此应尽量覆盖地膜，实行膜下滴灌，尽量降低设施中的空气湿度，这对于成熟期易裂果的冬枣尤为重要。

（5）注意保管好软带和塑料管材　夏冬季节不用时，应将布设在地面部分的管材和软带收集起来，清洗干净，放到避光和温度较低的地方妥善保存，再使用时要检查其是否有破裂漏水或堵塞的地方，待维修后再重新布设。

（6）结合冬灌进行一次大水漫灌　每年秋季揭棚以后，结合冬灌进行一次大水漫灌，淋洗地表盐分，以防止土壤表层盐分积累，形成次生盐渍化。

186 设施内电动运输车（轨道车）如何安装？

为了减轻繁重的搬运劳动，设施棚内应设计安装电动运输车（轨道车）。温室电动运输车轨道选在棚体南侧棚缘下或北侧后墙下，钢构大棚轨道留在便于运输、装卸和棚体门相同的作业道上。路基宽≥50厘米，路基必须夯实，以保证运输车的平稳。轨道铺设在路基上，轨道宽40厘米，用直径25毫米，壁厚1.5毫米的镀锌钢管焊接而成，长度依据棚体长度而定。运输车电机≥500瓦，配套电瓶≥48伏20安，车宽50厘米，长200厘米，可载重500～650千克，底部车轮和轨道相匹配，车体配有遥控系统，可前后运行自如。

187 什么是高压喷雾系统?

高压喷雾系统指利用高压喷雾主机将经过精密过滤处理的水，输送到造雾专用高压管网（耐压15兆帕），最后到达专用喷头喷出成雾的系统。高压雾化系统的工作原理是高压水从微孔中喷出并与固体发生碰撞，形成水雾。将加压（大于4兆帕）后的水经耐高压输送管线输送到专业喷嘴将其雾化，产生0.10～15微米的微雾颗粒，使其能够迅速从空气中吸收热量完成汽化并扩散，从而达到空气加湿、降温、喷药的目的。

188 棚内如何安装高压喷雾（药）系统?

一般造雾专用双喷头喷雾半径为3.0米安装高压输送管线要以此来考虑。安装时高压输送管线要顺向安装，距边行树的外缘1.5米，两道高压输送管线间隔6.0米，高度依树高而定，高于树体50厘米，固定于棚体骨架上，然后在高压输送管线每间隔3.0米处连接专业喷嘴。棚内高压输送管线安装要留有一定的长度，以便和棚外高压泵体连接。

第十二部分

土壤有机质的提升

PART 12

土壤是果树赖以生存的基础，近年来土壤酸化、土壤盐碱化、土壤板结问题日益严重，减产、少产，甚至绝产时有发生。土壤改良是解决土壤问题的有效方式，通过增施有机肥、微生物菌剂等手段增加土壤孔隙度，使土壤疏松，改善土体通透状况，打破土壤板结，加深耕层。同时增加土壤团粒结构，有效协调土壤肥力因素，全面改善土壤水、肥、气、热状况，为作物根系生长发育创造有利环境，为冬枣高质量生产打下良好的基础。

189 提高土壤有机质含量的方法有哪些？

（1）增加有机肥的施用量　一是使用农家肥，其中粪肥和厩肥是常用的主要有机肥。二是使用商品有机肥。

（2）秸秆还田　秸秆直接还田是增加土壤有机质和作物产量的有效措施。秸秆含纤维素，木质素较多，对于含氮较多的土壤，秸秆还田效果较好。秸秆还田时，应适当施用氮肥，否则即使分解作物，也会出现秸秆分解缓慢或黄苗缺氮的现象。

（3）果园生草　草类产量高，养分丰富，分解快，腐殖质形成快，土壤腐殖质含量不断提高。

190 农家肥和商品有机肥的区别是什么？

农家肥和商品有机肥都是优质肥料，能够改善土壤，促进农作物的生长，还能提高农作物的抗性。农家肥和有机肥的区别在于发酵时间、腐熟程度、微生物含量等方面。

（1）发酵时间　农家肥是在露天的情况下堆沤发酵的，该肥料的发酵时间比较长，其间会损失大量的养分；商品有机肥是工厂化生产，发酵时间短，腐熟彻底，养分损失较少。

（2）腐熟程度　农家肥是在堆积过程中自然发酵的，可能腐熟不彻底、不均匀，所以在堆沤过程中要加入一些发酵微生物菌剂；商品有机肥发酵比较彻底，腐熟透彻，施肥后较少会出现烧根灼苗的情况。

（3）微生物含量　农家肥和商品有机肥都含有微生物，不过农家肥中的微生物含量少，有益微生物和有害微生物共存；有机肥含有益微生物较多，质量更好。

（4）肥效　农家肥分解比较慢，它的肥效慢，但是持效期长；商品有机肥分解快，它的肥效比较快，但持续时间短。

191　如何合理使用粪肥？

粪肥中含有丰富的有机质和果树所需要的各种营养元素，对改良土壤、增加产量和提高果实品质有非常好的效果，一直以来都被广泛应用于农业生产中。随着粪肥不合理施用现象的增多，各种问题也随之而来。因此粪肥使用要注意以下问题：

（1）粪肥使用要彻底腐熟　粪肥腐熟后，分解快，有利于植物吸收，同时，在60～70℃的高温厌氧环境下，有害虫卵、杂草种子大部分会死亡。

（2）根据不同土质选择不同粪肥　有些大棚土壤沙性大，漏水漏肥的情况严重，因此粪肥应选择纯鸡粪或纯猪粪，这种粪肥纯度较高，养分含量也高，因为粪质比较黏重，对漏肥漏水的沙土地有良好的改良作用。黏性土应施用有机质含量高而矿质元素含量少的粪肥，如羊粪、牛粪，或者是含有沙子、秸秆的鸡粪、猪粪等。这些粪肥能够改善黏性土壤的物理性状，提高其透水透气能力。这样的粪肥也非常适合改良土壤盐渍化板结较为严重的棚室土壤。

（3）粪肥使用后要深翻　大量的粪肥施用以后应进行深翻，一般翻耕深度要超过30厘米，才能达到施肥的效果。

（4）注意配合使用　虽然粪肥中含有的养分全面，但是总量达不到作物的吸收利用量要求，所以将粪肥与化学肥料配合使用以降低化学肥料残留对土壤造成的影响，同时保证化学肥料中的养分能够及时被作物吸收利用。粪肥与生物菌肥配合使用可以加快粪肥的分解，加快土壤改良的速率。粪肥中的物质可促进生物菌的繁殖，巩固有益菌对根系产生的保护和促生效果。粪肥对土壤改良有一定的作用，但效果比较慢，所以配合施用含矿源腐殖酸、海藻提取物等多种生物刺激剂效果更佳。

192 北方地区常用农家肥的营养成分和使用方法是什么（见表9）？

表9　北方常用农家肥养分、性质和使用方法

<table>
<tr><th rowspan="2">类别</th><th rowspan="2">农家肥名称</th><th colspan="3">氮、磷、钾含量/%</th><th rowspan="2">性　质</th><th rowspan="2">使用方法</th></tr>
<tr><th>氮（N）</th><th>磷（P_2O_5）</th><th>钾（K_2O）</th></tr>
<tr><td rowspan="9">粪尿类</td><td>人粪</td><td>1.00</td><td>0.50</td><td>0.37</td><td rowspan="9">人尿酸性，含氮为主，分解后能很快被根系吸收；牲畜尿碱性；猪粪暖性、肥效大；牛粪冷性、含水分大、腐烂慢；羊粪分解快，养分高；禽粪为迟效肥</td><td rowspan="9">粪尿肥腐熟后可作底肥、追肥；羊粪不能暴晒，随出、随用、随盖；禽粪不宜新鲜使用，腐熟后可作底肥、追肥，宜干燥贮存</td></tr>
<tr><td>人尿</td><td>0.50</td><td>0.13</td><td>0.19</td></tr>
<tr><td>猪粪</td><td>0.56</td><td>0.40</td><td>0.44</td></tr>
<tr><td>猪尿</td><td>0.30</td><td>0.12</td><td>0.95</td></tr>
<tr><td>牛粪</td><td>0.32</td><td>0.25</td><td>0.15</td></tr>
<tr><td>牛尿</td><td>0.50</td><td>0.03</td><td>0.65</td></tr>
<tr><td>羊粪</td><td>0.56</td><td>0.50</td><td>0.25</td></tr>
<tr><td>羊尿</td><td>1.40</td><td>0.03</td><td>2.10</td></tr>
<tr><td>鸡粪</td><td>1.63</td><td>1.54</td><td>0.85</td></tr>
</table>

续表

类别	农家肥名　称	氮、磷、钾含量/%			性　质	使用方法
		氮（N）	磷（P_2O_5）	钾（K_2O）		
饼肥	花生饼	6.32	1.17	1.34	饼肥含有机质高，氮素丰富。因含油脂，分解较慢，肥效持久	饼肥用前应堆沤，可作基肥或追肥
	棉籽饼	3.41	1.63	0.97		
	芝麻饼	5.80	3.00	1.30		
	菜籽饼	4.60	2.48	1.40		
	大豆饼	7.00	1.32	2.13		

193　施入未腐熟有机肥的补救方法有哪些？

有机肥在腐熟的过程中产生氨气和大量的热量，严重时可烧根，这也是产生肥害的原因。可以在施肥部位进行翻耕，释放热量，同时可以施入复合微生物菌剂，加速有机肥腐熟，并进行灌水。

194　商品有机肥有哪些类型？

目前，我国商品有机肥根据其加工情况和养分状况大致可分为精制有机肥料、有机无机复混肥料、生物有机肥料三种类型。

（1）精制有机肥料　精制有机肥料指经过工厂化生产，不含有特定肥料效应微生物的商品有机肥料，以提供有机质和少量养分为主。精制有机肥料作为一种有机质含量较高的肥料，是绿色农产品、有机农产品和无公害农产品生产的主要肥料品种。

（2）有机无机复混肥料　有机无机复混肥料由有机和无机肥料混合或化合制成，既含有一定比例的有机质，又含有较高的养分，这与我国当前科学施肥所提倡的“有机和无机相结合”的原则是相符的。

（3）生物有机肥料　生物有机肥料指经过工厂化生产，含有特定肥料效应微生物的商品有机肥料，除了含有较高的有机质外，还含改善肥料或土壤中养分释放能力的功能性微生物。

195 微生物菌剂有哪些种类？

微生物菌剂按照作用不同分为根瘤菌、固氮菌、解磷类微生物菌、硅酸盐微生物菌、光合菌、有机物料腐熟菌、促生菌、菌根菌、生物修复菌等菌剂。它们都具有提高作物产量、改善作物品质、增强作物抗逆性、提高化肥利用率、改良土壤等作用，提倡果农在生产上合理应用。

196 微生物菌剂的主要作用是什么？

（1）利于作物提升增产　微生物菌剂不仅可以给作物提供生长所需要的营养物质，还能分泌赤霉素、细胞分裂素等活性物质，促进作物生长。

（2）改善土壤环境　促进土壤中固定养分的释放，改善土壤环境，增强土壤的透气性和土壤的保水保肥能力，并且菌肥中微生物的分泌物是一种良好的胶结剂，能够恢复土壤团粒结构，解决土壤板结化问题。

（3）增强作物抗逆性　菌剂中的微生物分泌的抗生素类物质，能抑制土壤中的病菌，并且会与土壤中的微生物相互作用，争夺其他病菌的生存空间，抑制病菌的生长，增强作物的抗病能力。

（4）提高肥料利用率　菌剂中的微生物可以分解土壤中的有机质，生成腐殖酸，并且与土壤中的氮生成腐殖酸铵，以提高土壤中氮肥的含量。

197　微生物菌剂使用时应注意哪些问题？

（1）微生物菌剂不与农药化肥同时施用　微生物菌剂是万万不可和杀菌剂、高浓度肥料混用，因为这样混用后很容易杀死微生物菌。如果施用的微生物菌剂与防病虫、除草药剂相矛盾时，最好等到药剂持效期后再施用微生物菌剂。

（2）注意配合使用供给微生物营养的产品　与腐熟的有机肥或优质的含腐殖酸水溶肥料配合施用效果更好，千万不要与未腐熟有机肥一起混用，因为未腐熟有机肥在土壤中继续腐熟会产生极高的温度，从而造成微生物的死亡。

（3）调控环境促进微生物菌剂的增殖——温、光、水、pH　一般微生物菌剂在地温为18～25℃时使用较好，此时菌剂中的活菌生命活动较为活跃，低于5℃或高于40℃施用效果较差，因此建议在早上或傍晚施用；尽量不在强光下施用，因为紫外线会对微生物有伤害；一般微生物菌肥最适的土壤相对含水量是60%～70%，水分过多或过少都不利于微生物菌的生存，注意避免在土壤干旱的条件下施用；一般情况下土壤pH在6.5～7.5之间时最适合微生物的繁殖，否则，会影响微生物菌剂的使用效果。

198 菌剂和菌肥的区别是什么？

（1）成分　微生物菌剂单纯的就是生物菌剂，里面只包含了有效菌，没有其他的营养物质；而生物菌肥里面不仅包含了有效菌，还包含了微量元素、菌体蛋白等。

（2）有效菌含量　每克微生物菌剂中，包含的有效菌数量超过了2亿个，而每克生物菌肥中包含的有效菌数量超过了2000万个，远不如微生物菌剂。

（3）使用量　微生物菌剂是小肥料，一般每亩地使用2～5千克；而生物菌肥是大肥料，一般每亩地使用量超过了200千克。

199 沼液和沼渣如何使用？

合理利用沼渣和沼液不仅能增加土壤中的有机质，改善土壤结构，增强枣树抗逆性，使病虫害明显减少，而且结出的果实大小均匀，枣树增产率在18%左右。

（1）沼渣作基肥　结合秋季施基肥，采用沟施的方法，将沼渣和农作物秸秆或农家肥混施。每株施沼渣20～30千克。

（2）沼液做追肥　在枣树的萌芽前、幼果膨大期、果实膨大期进行追施，每株施15千克。待沼液渗入后，覆土盖严。

（3）叶面喷肥　用沼液和水按照1∶1配兑后，在开花前和采果后，间隔7～10天喷雾，每株用量一般为10～15千克。喷施时一定要避开中午，以免灼伤叶片，最好在下午3点以后。叶面喷肥可使枣树叶片变厚，颜色变深，明显减少病害和虫害的发生，增强树体抗逆性。果实发育期尽量不采用，避免污损果面，影响果实商品性。

200　沼液使用时应注意哪些问题？

（1）用沼液喷施叶面时，必须采用正常产气1个月以上的沼气池出料间里的沼液，且须澄清过滤后放置2～3天方可施用。

（2）沼渣、沼液作基肥和追肥施用时，应与树根保持一定距离，防止挖断和烧伤树根。喷施叶面肥时应侧重于树叶背面。

（3）若出现病虫害，可将农药掺入沼液中喷施，可减轻红蜘蛛、蚜虫危害，大大降低农药的使用量。

（4）结合果树长势确定施肥量和操作技术。长势差的树应重施，长势好的树轻施；衰老的树重施，幼壮树轻施；挂果多的树重施，挂果少的树轻施。

201 冬枣设施内生草应注意哪些问题？

（1）生草时间　设施内生草，应在冬枣萌芽后进行。生草过早，影响地温的提升，使萌芽期推迟。

（2）生草部位　清理树盘，行间生草。

（3）生草种类　低矮、不上树、草量大的草种，可人工种植，可自然生草，也可混生。

（4）及时刈割　高度影响到农事操作时，一般草长到30厘米以上，立刻刈割，并挑置于树盘下。

参考文献

[1] 亢树华. 温室大棚建筑与环境调节[M]. 沈阳：辽宁科学技术出版社，1995.

[2] 李淑珍. 果树日光温室栽培新技术[M]. 北京：中国农业出版社，1998.

[3] 邹志荣. 园艺设施学[M]. 北京：中国农业出版社，2002.

[4] 郭庆宏. 冬枣优质高效栽培技术[M]. 北京：金盾出版社，2017.

[5] 张耀中，金岩，黄延昌. 冬枣病虫草害防治技术彩色图谱[M]. 北京：中国农业出版社，2020.